elefante

OUTRASPALAVRAS

conselho editorial
Bianca Oliveira
João Peres
Tadeu Breda

edição
Tadeu Breda

preparação
Raquel Catalani

revisão
Antonio Martins

projeto gráfico
Bianca Oliveira

diagramação
Denise Matsumoto

Ricardo Abramovay

Amazônia

—

**Por uma economia
do conhecimento
da natureza**

Sumário

Prefácio, 7
Apresentação, 11
Introdução, 17

I. O desmatamento não é premissa para
    o crescimento da Amazônia, 25
II. São baixos os custos do desmatamento zero, 45
III. As áreas protegidas são um trunfo para o Brasil, 53
IV. As áreas protegidas estão sob ataque, 67
V. Proteção às florestas não é
    idiossincrasia brasileira, 83

Conclusões: em direção à economia do
    conhecimento da natureza, 93

Referências, 99
Sobre o autor, 104

Prefácio

Ricardo Abramovay, autor deste estudo, participa do grupo de referência do projeto "Novos Paradigmas para um outro mundo possível". Este projeto é levado à frente pela Abong junto com o Iser Assessoria, apoiado desde 2015 pela agência de cooperação internacional Misereor, pela Fastenopfer e pela DKA.

A preocupação que nos levou a implementar este projeto é que o atual modelo de desenvolvimento, produtivista-consumista, levará muito provavelmente a humanidade à autodestruição. Precisamos denunciar o processo de degradação em curso e construir uma outra forma de organização social e econômica que nos permita viver e conviver harmoniosamente com a natureza, da qual fazemos parte.

A Amazônia está no centro do debate sobre a crise ambiental, não apenas para o nosso país, mas para todo o mundo. O estudo aqui publicado, apoiado nas pesquisas mais recentes sobre a região, oferece dados e análises preciosos para interrompermos a "economia de destruição da natureza" e possibilitarmos a emergência de uma "economia do conhecimento da natureza".

O livro mostra, entre outras coisas, que, até 1960, apenas 1% do território da Amazônia havia sido desmatado; hoje são 20%. Entre 2004 e 2012, houve significativa redução do desmatamento, que, depois, voltou a crescer. Em 2016, o Brasil foi o sétimo emissor mundial de gases de efeito estufa: do total das emissões nacionais, 51% foram causados pelo desmatamento. Nos primeiros meses do governo de Jair Bolsonaro, observamos um verdadeiro descontrole por parte das autoridades em favor de um processo que corre o risco de levar à savanização e desertificação da Amazônia.

É possível, demonstra o autor, com apoio em práticas que já ocorrem na floresta, mudar a situação, reverter o quadro negativo, valorizar a experiência e a vida dos povos tradicionais, combinar a sua cultura com os avanços da ciência e da tecnologia, e apoiar e ampliar as unidades de conservação. Dando o devido valor à maior área de biodiversidade do planeta, o Brasil tem condições de oferecer uma contribuição global fundamental na luta contra as mudanças climáticas.

Esperemos que este trabalho ajude a tomar consciência da gravidade da situação em que nos encontramos, com riscos tanto para o Brasil como para o mundo, e que enveredemos com urgência na mudança de rumo da qual necessitamos.

Ivo Lesbaupin
Projeto Novos Paradigmas

Apresentação

Este livro oferece argumentos e dados empíricos para contestar a visão tão frequente de que o crescimento econômico na Amazônia supõe a substituição de áreas florestais por atividades agropecuárias tradicionais, como o cultivo de soja e a criação de gado. Mostra também que a destruição florestal, além de privar o Brasil e o mundo de serviços ecossistêmicos indispensáveis à própria vida e reduzir os territórios de populações indígenas e ribeirinhas, apoia-se em práticas ilegais e, com muita frequência, no banditismo. As consequências do avanço do desmatamento são desastrosas para a economia da região e para a democracia brasileira. No lugar dos laços de confiança que poderiam emergir como resultado da convivência sustentável com a floresta em pé, o atual modelo de ocupação da Amazônia fortalece a criminalidade e dissemina insegurança.

As políticas ambientais de comando e controle são fundamentais para interromper o ciclo da violência e da destruição. Sua eficiência ficou comprovada pela redução em cerca de 80% do desmatamento na Amazônia entre 2004 e 2012. O Brasil foi reconhecido internacionalmente por esta conquista democrática e tornou-se líder global na elaboração de mecanismos econômicos voltados à proteção e à exploração sustentável da floresta em pé.

Desde então, porém, o desmatamento recomeçou a avançar e, em 2019, este avanço intensificou-se. Isso levanta duas questões cruciais. A primeira está no título deste trabalho: a economia do conhecimento da natureza abre caminho a formas de obtenção de riquezas com chances de propiciar benefícios sociais bem mais importantes que os advindos da agropecuária atualmente dominante na região, como mostram os trabalhos da equipe dirigida por Carlos Nobre e citados neste livro. O mais importante nestes trabalhos é que os ganhos privados decorrentes das atividades econômicas voltadas à valorização da biodiversidade têm o potencial de gerar processos virtuosos de inovação descentralizada e de benefícios para as comunidades tradicionais da Amazônia. Os Laboratórios de Inovação da Amazônia, propostos em trabalho recente de Ismael Nobre e Carlos Nobre,[1] são um caminho promissor para juntar a pesquisa científica sobre a biodiversidade aos conhecimentos seculares das comunidades tradicionais sobre os ecossistemas em que vivem. Por mais importantes que sejam as políticas de comando e controle, estas políticas são insuficientes para que emerja na Amazônia um ambiente favorável a atividades econômicas baseadas na inteligência e na informação, e não no crime e na devastação. A Amazônia oferece a oportunidade de o

---

1 Disponível em: <https://www.intechopen.com/books/land-use-assessing-the-past-envisioning-the-future/the-amazonia-third-way-initiative-the-role-of-technology-to-unveil-the-potential-of-a-novel-tropical>. Acesso em: 16 out. 2019.

Brasil reunir organicamente a inovação apoiada na melhor ciência com atividades econômicas das quais os que estão em situação de pobreza e insegurança (a começar pelas populações que vivem na e da floresta) podem ser os protagonistas e os principais beneficiários. Ciência, tecnologia e fortalecimento das populações tradicionais são o caminho decisivo para a emergência de atividades econômicas capazes de manter a floresta em pé e evitar a destruição dos serviços ecossistêmicos dos quais todos dependemos, a começar pelo sistema climático. Os efeitos multiplicadores da economia da floresta em pé na área de serviços, de logística e de infraestrutura podem ser gigantescos, com benefícios também às populações urbanas.

Mas há uma segunda questão a ser enfrentada para que se reverta o atual avanço do desmatamento. Sem políticas de comando e controle que combatam as atividades criminosas que hoje ameaçam as populações tradicionais e os ativistas que lutam pela valorização da sociobiodiversidade da Amazônia, a economia da floresta em pé não tem como emergir. Desde janeiro de 2019, o governo federal vem emitindo sinais que são lidos, no plano local, como permissão para o avanço da invasão de terras públicas e freio às ações dos órgãos estatais que procuram combater estas práticas criminosas. Basta consultar os *sites* de organizações cuja seriedade é reconhecida no Brasil e internacionalmente (o Imazon, o Observatório do Clima, o Inpe, o Ipam, entre outros citados neste trabalho) para obter os dados de que a apropriação criminosa de terras públicas e a invasão de áreas protegidas estão avançando. Só em junho de 2019, segundo dados do Instituto Nacional de Pesquisas Espaciais (Inpe), a devastação florestal foi 57% maior que no mesmo mês do ano anterior. Essas práticas criminosas não podem ser consideradas como uma espécie de mal menor e necessário para que a economia da Amazônia cresça. Na verdade, elas estão pavimentando uma rota cuja continuidade vai tornar irreversível a savanização da mais importante floresta tropical do mundo. Os defensores dos povos da floresta — entre eles cientistas, ativistas, funcionários públicos, empresários, religiosos, membros do Judiciário, do Legislativo e do Ministério Público — não estão representando interesses estrangeiros quando denunciam a atual devastação; estão agindo como os porta-vozes de uma responsabilidade que o Brasil tem perante o mundo e da qual a Amazônia pode tirar imenso benefício. Eles querem proteger as riquezas econômicas da exploração sustentável da floresta em pé, mas, antes de tudo, defendem um conjunto de valores éticos decisivos para a vida democrática nas sociedades contemporâneas.

Este livro foi escrito em diálogo com dois importantes trabalhos. O primeiro é de autoria de José A. Marengo, coordenador geral de pesquisa e desenvolvimento no Centro Nacional de Monitoramento e Alertas de Desastres Naturais (Cemaden), e Carlos de Souza Jr., pesquisador sênior do Instituto do Homem e Meio Ambiente da Amazônia (Imazon): *Mudanças climáticas: impactos e cenários para a Amazônia*,[2] no qual são analisados tanto os impactos das mudanças climáticas sobre a região quanto os efeitos do desmatamento sobre as mudanças climáticas. O segundo é o documentário *O amanhã é hoje*,[3] baseado em depoimentos de pessoas atingidas pelos impactos de eventos climáticos extremos.

2 Disponível em: <http://www.oamanhaehoje.com.br/assets/pdf/Relatorio_Mudancas_Climaticas-Amazonia.pdf>. Acesso em: 16 out. 2019.

3 Disponível em: <http://www.oamanhaehoje.com.br>. Acesso em: 16 out. 2019.

Sem o diálogo permanente com José Marengo, Carlos de Souza Jr. e com a jornalista Thais Lazzeri, eu não poderia ter escrito este livro. Da mesma forma, contei com o apoio e a competência dos membros das sete organizações não governamentais que apoiaram este trabalho. Citá-los nominalmente me levaria a omitir amigos e colegas com os quais aprendi muito. Então menciono apenas suas organizações, que são hoje centrais para a defesa da democracia e a emergência do desenvolvimento sustentável: Alana, Articulação dos Povos Indígenas do Brasil (Apib), Artigo 19, Conectas Direitos Humanos, Engajamundo, Greenpeace e Instituto Socioambiental (ISA). Meu agradecimento se estende aos colegas e alunos do Programa de Pós-Graduação em Ciência Ambiental do Instituto de Energia e Ambiente da Universidade de São Paulo (USP), onde atualmente concentro minhas atividades de pesquisa, e aos integrantes do Instituto de Manejo e Certificação Florestal e Agrícola (Imaflora), que juntamente com o Instituto Socioambiental criou condições para o surgimento do Selo Origens Brasil, iniciativa pioneira para a valorização econômica da floresta em pé e que, em junho de 2019, recebeu um prêmio da Organização das Nações Unidas para a Alimentação e a Agricultura (FAO).

Ricardo Abramovay
São Paulo, julho de 2019

Introdução

1

A redução do desmatamento no Brasil entre 2004 e 2012 é considerada pelo Painel Intergovernamental sobre Mudanças Climáticas (IPCC) das Nações Unidas como a maior contribuição já oferecida por um país ao combate contra o aquecimento global. O desmatamento chegou a 27,7 mil km² em 2004 e caiu para 4,4 mil km² apenas oito anos depois (FEARNSIDE, 2017). Tanto a redução do desmatamento (revertida a partir de 2012, como mostra o parágrafo 12) como a existência de várias modalidades de áreas protegidas (reservas extrativistas, parques, territórios indígenas, florestas nacionais, reservas extrativistas, entre outros) em quase 50% da Amazônia brasileira são conquistas democráticas reconhecidas internacionalmente como contribuições globais do país para o desenvolvimento sustentável. Entre 2003 e 2009, o Brasil respondeu por 75% da ampliação das áreas protegidas no mundo.[4]

4 Disponível em: <https://observatorio3setor.org.br/

2

Esta redução tão grande poderia conduzir à conclusão de que o problema do desmatamento na Amazônia está resolvido e que as derrubadas atuais são apenas remanescentes, dispersas, pouco expressivas e necessárias ao próprio crescimento econômico regional. Afinal, vivem na Amazônia 25 milhões de pessoas e sua taxa de crescimento demográfico é bem superior à do país como um todo, como se vê pelo Gráfico 1.

GRÁFICO 1
Taxa média de crescimento anual da população na Amazônia Legal e no Brasil (%)

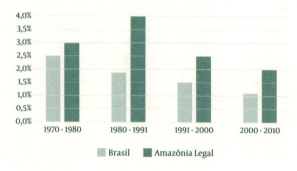

Fonte: CAPOBIANCO, 2017.

noticias/coalizao-de-ongs-pede-compromisso-dos-presidenciaveis-para-a-conservacao-do-patrimonio-natural-brasileiro/>. Acesso em: 21 out. 2019.

3

Este trabalho apresenta evidências empíricas que contradizem tal conclusão. Procura mostrar que o padrão de crescimento da Amazônia nas últimas décadas desestimulou o fortalecimento da economia regional, não elevou o padrão de vida da população e trouxe danos ambientais que comprometem a própria produção agropecuária. Ao revelar que em 98,5% dos municípios da Amazônia as condições de vida são piores que as de outras regiões do Brasil, o Índice de Progresso Social (IPS)[5] explica: o desempenho da região "está associado a um modelo de desenvolvimento fortemente marcado pelo desmatamento, uso extensivo dos recursos naturais e conflitos sociais".

A conclusão do IPS desmente a ideia de que aumentar as superfícies que permitem a conversão da floresta para atividades agropecuárias, madeireiras ou de mineração seja um caminho socialmente desejável para melhorar as condições de vida dos que vivem na Amazônia. Ao contrário, as práticas predatórias inibem a emergência de uma economia do conhecimento da natureza e estimulam a permanência do que hoje pode ser chamado de economia da destruição da natureza.

4

Além disso, a ampliação das áreas protegidas não foi acompanhada de políticas públicas que garantissem sua integridade — e, portanto, a integridade dos

---

5 Disponível em: < https://s3-sa-east-1.amazonaws.com /ipsx.tracersoft.com.br/documents/ResExec_ipsAmazonia PORT_2014_Final.pdf >. Acesso em: 21 out. 2019.

serviços ecossistêmicos que justificam sua proteção. Grilagem, atividades econômicas ilegais (sobretudo exploração madeireira e minérios) e agressões aos povos tradicionais que habitam esses territórios continuam ocorrendo, como será visto mais adiante. Projetos de lei voltados a reduzir ou a mudar o status das áreas protegidas (muitas vezes com o beneplácito do Poder Executivo) sinalizam aos atores locais que as atividades ilegais podem ser compensadoras. Ao final de 2017, havia no Congresso Nacional 33 proposições anti-indígenas, das quais dezessete procuravam alterar os processos de demarcação de Terras Indígenas, como mostra trabalho do Conselho Indigenista Missionário.[6] Desde o início dos anos 1990, mais de 45 mil km² de Unidades de Conservação (o que corresponde à área do Espírito Santo) já foram perdidos.

O Sistema Nacional de Unidades de Conservação (SNUC) poderia ser o melhor sistema de gestão de áreas protegidas do mundo. No entanto, em virtude das agressões que sofre, está longe de realizar este potencial. Como será visto neste livro, o abandono das áreas protegidas é socialmente nefasto, compromete a posição do Brasil como reconhecida potência ambiental, fomenta a violação do estado de direito, sacrifica imenso patrimônio cultural e traz prejuízos econômicos nem de longe compensados pela renda advinda da extração predatória dos recursos destes territórios.

6   O trabalho do Cimi apresenta a lista completa destes projetos legislativos e seus autores em: <https://www.cimi.org.br/2017/10/congresso-anti-indigena-33-propostas-reunindo-mais-de-100-projetos-ameacam-direitos-indigenas>. Acesso em: 16 out. 2019.

5

Apesar de sua importância, as áreas protegidas não podem responder sozinhas pela manutenção dos serviços ecossistêmicos oferecidos pela floresta. Nas propriedades privadas, é fundamental que seja respeitada a legislação referente às áreas de preservação permanente e à reserva legal, o que não acontece hoje.

Qualquer sobrevoo pelo entorno da Terra Indígena do Xingu mostra as plantações de soja chegando à beira dos rios, sem qualquer tipo de vegetação arbustiva que os proteja. O Brasil, detentor da maior biodiversidade do planeta, não tem como garantir este ativo apenas por meio de áreas protegidas, caso a preservação e a recuperação florestal em superfícies privadas não sejam igualmente asseguradas.

6

Este livro compõe-se de cinco tópicos. Inicialmente, mostra que o crescimento econômico e o bem-estar das populações que vivem na Amazônia não dependem do desmatamento. Ao contrário, ali onde mais se desmata é onde menos a economia cresce e onde é maior a distância entre os indicadores de desenvolvimento do país e os da Amazônia. O tópico II mostra que os custos econômicos da interrupção do desmatamento seriam irrisórios.

A seguir (tópico III), o trabalho volta-se à importância das Unidades de Conservação e das populações que nela vivem, sob o ângulo não apenas dos serviços ecossistêmicos que prestam, mas também dos potenciais subaproveitados de geração de riqueza e bem-estar contidos nas práticas econômicas dos povos tradicionais.

Entretanto, como mostra o tópico IV, estas áreas encontram-se sob ameaça, e esta ameaça compromete não apenas o desenvolvimento econômico da região, mas o próprio estado de direito.

Por fim, no tópico V, o livro expõe informações que desfazem o mito segundo o qual o Brasil é o único país do mundo a proteger suas florestas. Ao contrário, a proteção florestal, longe de ser uma idiossincrasia nacional, é uma tendência global que acompanha o próprio processo de desenvolvimento. E o país tem condições de liderar internacionalmente essa tendência.

O desmatamento não é premissa para o crescimento da Amazônia

7

O crescimento da agricultura brasileira deixou de ser intensivo em terra para ser cada vez mais, intensivo em tecnologia. Entre 1991 e 2017, a produção de grãos e oleaginosas no Brasil subiu 312%, mas a área plantada cresceu apenas 61%, como mostram as informações do Observatório do Clima.[7]

---

7 Disponível em: <http://www.observatoriodoclima.eco.br/agro-e-tudo-mas-nem-tudo-e-pop/>. Acesso em: 16 out. 2019.

A área plantada de soja na Amazônia Legal[8] passa de 1,14 milhão de hectares na safra 2006-2007 a 4,5 milhões de hectares em 2016-2017. Isso corresponde a 13% da superfície que o Brasil dedica ao produto (RODRIGUES, 2018). Os padrões produtivos da soja na região são também intensivos em tecnologia.

A conversão para a agricultura de áreas de baixa produtividade de pastagens é um dos pilares do crescimento agrícola na Amazônia: desde 2006, a área plantada com soja cresceu quase quatro vezes na região, exatamente sobre superfícies anteriormente voltadas a pastagens de baixo rendimento.[9]

O recém lançado relatório da Empresa Brasileira de Pesquisa Agropecuária (Embrapa) sobre o futuro da agricultura brasileira ressalta o "desacoplamento entre produção agrícola total e mudança dos usos da terra".[10] A destruição florestal não é, portanto, premissa para o aumento da produção de soja.

8   A Amazônia Legal é uma área de 5 217 423 km², que corresponde a 61% do território nacional. Além de abrigar todo o bioma Amazônia brasileiro, ainda contém 20% do bioma Cerrado e parte do Pantanal mato-grossensse. Ela engloba a totalidade dos estados do Acre, Amapá, Amazonas, Mato Grosso, Pará, Rondônia, Roraima e Tocantins, e parte do Maranhão. Apesar de sua grande extensão territorial, a região tem apenas 21 056 532 habitantes, ou seja, 12,4% da população nacional e a menor densidade demográfica do país (cerca de quatro habitantes por km²). Nos nove estados, residem 55,9% da população indígena brasileira, cerca de 250 mil pessoas. Disponível em: <https://www.oeco.org.br/dicionario-ambiental/28783-o--que-e-a-amazonia-legal>. Acesso em: 16 out. 2019.

9   Disponível em: <http://ipam.org.br/wp-content/uploads/2017/11/Desmatamento-zero-como-e-por-que-chegar-laFINAL.pdf>. Acesso em: 21 jul. 2019.

10 Disponível em: <https://www.embrapa.br/olhares-para-2030/mudanca-do-clima/-/asset_publisher/SNN1QE9zUPS2/content/carlos-nobre?redirect=

8

A cadeia de valor ligada à produção de soja na Amazônia está engajada no compromisso de que os grandes *traders* globais não comprem o produto vindo de áreas recentemente desmatadas. A "moratória da soja" reúne atores diversos do setor privado e associativo: ADM, Amaggi, Bunge e Cargill, pelo setor privado; e Articulação Soja Brasil, Conservação Internacional, Greenpeace, Ipam, The Nature Conservancy (TNC) e Fundo Mundial para a Natureza (WWF-Brasil), pelo setor associativo, além do Imazon, do Imaflora e do Sindicato dos Trabalhadores Rurais de Santarém.

A moratória é resultado do reconhecimento de que o desmatamento envolve custos reputacionais que ameaçam as próprias exportações brasileiras e não é uma necessidade para a expansão do papel do Brasil nos mercados internacionais.

9

O protagonismo do setor privado no esforço de reduzir o desmatamento não é uma particularidade brasileira. Lambin e colaboradores (2018), em artigo publicado na *Nature Climate Change*, mostra que os compromissos de diferentes cadeias globais de valor para reduzir o desmatamento no mundo chegaram a 760 em março de 2017, com a participação de 447 atores, entre *traders*, indústrias, varejistas e processadores.

Da mesma forma, em 2014, a *Declaração de Nova York sobre Florestas* (NYDF, sigla em inglês), preconizando

%2Folhares-para-2030%2Fmudanca-do-clima&
inheritRedirect=true>. Acesso em: 21 jul. 2019.

redução pela metade das atuais perdas florestais até 2020 e o desmatamento zero até 2030 (e que o Brasil não assinou), teve como protagonistas sessenta entidades governamentais, 59 grupos privados e 63 organizações da sociedade civil.

10

Embora isso mostre a importância da luta contra o desmatamento sob o ângulo reputacional para as próprias empresas, para os produtores agropecuários e para os países que os abrigam, o artigo da *Nature Climate Change* também insiste na insuficiência destas iniciativas e na urgência de um conjunto variado de medidas governamentais que crie uma infraestrutura de informação e de capacidade de cumprimento das leis.

11

O desmatamento na Amazônia Legal está diretamente associado à desigualdade fundiária. Rafael Feltran-Barbieri e colaboradores (s./d.) mostram que, entre 2000 e 2016, metade dos desmatamentos na Amazônia Legal ocorreu em 59 dos 772 municípios que compõem a região. Esses 59 municípios apresentam índice de Gini[11]

---

[11] O índice ou coeficiente de Gini é uma medida de desigualdade criada pelo matemático italiano Conrado Gini. O índice varia de zero a um, sendo zero a situação de igualdade total e um aquela em que o ativo em questão (renda ou terra, por exemplo) está concentrado em um só indivíduo. Disponível em: <http://www.ipea.gov.br/desafios/index.php?option=com_content&id=2048:catid=28>. Acesso em: 16 out. 2019.

médio de 0,46 contra 0,47 dos demais, não havendo diferença estatística no que concerne à desigualdade de renda. Porém, a desigualdade medida pelo índice de Gini fundiário, calculado sobre dezessete classes de tamanho de estabelecimentos rurais, é de 0,75 para os 59 maiores desmatadores e de 0,70 para os demais (estatisticamente diferentes pelo teste das variâncias p<0,04).

A já exacerbada desigualdade fundiária da Amazônia Legal — desigualdade que é 50% maior que a própria desigualdade de renda — é ainda maior entre os municípios desmatadores.

12

O Gráfico 2 mostra que o significativo declínio do desmatamento na Amazônia foi revertido a partir de 2012. Em 2015 e 2016, o desmatamento aumentou 50% com relação a 2014. É verdade que, em 2017, o desmatamento caiu 16% com relação a 2016. Mas, ainda assim, o Brasil desmatou na Amazônia, só em 2017, nada menos que 6 624 km², segundo dados do Observatório do Clima. É importante lembrar que a lei brasileira de clima determina que o desmatamento na Amazônia deve cair a 3 920 km² até 2020.[12]

---

12 Disponível em: <http://www.observatoriodoclima.eco. br/taxa-de-desmatamento-cai-mas-temer-segue-vendendo-amazonia>. Acesso em: 16 out. 2019.

GRÁFICO 2

Taxa de desmatamento anual na Amazônia Legal

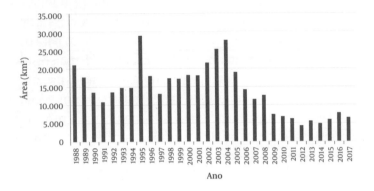

Fonte: Observatório do Clima.

13

A recente elevação do desmatamento não preocupa apenas agências governamentais e ativistas da sociedade civil, mas também um expressivo conjunto de organizações empresariais. A Coalizão Brasil Clima, Florestas e Agricultura (da qual fazem parte importantes organizações e empresas do agronegócio) cita estudos mostrando o aumento da destruição florestal "dentro de Unidades de Conservação e em áreas públicas ainda não destinadas a um uso específico e também em propriedades rurais inseridas no Cadastro Ambiental Rural (CAR). Mais da metade de toda área desmatada detectada pelo Inpe está no CAR".[13]

---

13 Disponível em: <https://ipam.org.br/desmatamento-e-reducao-de-unidades-de-conservacao-comprometem-o-brasil/>. Acesso em: 21 jul. 2019.

14

A natureza predatória do desmatamento da Amazônia mostra-se também no fato de que, com seus 750 mil km² de área desmatada, a região contribui com 14,5% do valor do produto agropecuário brasileiro. São Paulo tem área agrícola de 193 mil km² e entra com 11,3% da produção nacional, como revela o trabalho de Carlos Nobre e colaboradores (NOBRE *et al.*, 2016). Este dado mostra a urgência e a possibilidade de promover o desacoplamento entre crescimento econômico e desmatamento na Amazônia.

15

A área desmatada na Amazônia corresponde ao dobro da superfície do território da Alemanha, e 65% desta área, como demonstra o já citado trabalho do Instituto de Pesquisa Ambiental da Amazônia (Ipam), destinam-se a pastagens de baixíssima produtividade, com menos de uma cabeça de gado por hectare. Entre 2007 e 2016, o desmatamento médio de 7 410 km² por ano teve como resultado o acréscimo de 0,013% ao PIB brasileiro, segundo documento do Grupo de Trabalho pelo Desmatamento Zero, apresentado à 23ª Conferência das Partes (COP23) da Convenção-Quadro das Nações Unidas sobre Mudança do Clima, realizada em Bonn.[14]

---

[14] Disponível em: <https://ipam.org.br/wp-content/uploads/2017/11/Desmatamento-zero-como-e-por-que-chegar-laFINAL.pdf>. Acesso em: 21 jul. 2019.

16

Em 2016, o Brasil foi o sétimo emissor mundial de gases de efeito estufa (2 278 bilhões de toneladas). Deste total, nada menos que 51% foram causados por desmatamento, como mostram as informações do Grupo de Trabalho pelo Desmatamento Zero.[15] Outros 22% de nossas emissões originam-se na agropecuária, pelo consumo de fertilizantes e metano do rebanho, segundo dados do Observatório do Clima.

Se, no caso da agropecuária, há desafios tecnológicos notáveis para reduzir as emissões, isso não pode ser afirmado com relação ao desmatamento, que resulta da tolerância institucionalizada com práticas ilegais, cuja utilidade social e econômica é praticamente nula e que compromete o futuro do Brasil não só enquanto potência ambiental, mas como território onde povos tradicionais, permanentemente agredidos pela ameaça a suas terras, guardam e valorizam um patrimônio cultural extraordinário.

17

A FAO compara as emissões líquidas de gases de efeito estufa vindas da agropecuária e da mudança na cobertura florestal em vários países (Tabela 1). O resultado é que, no Brasil, em 2015, enquanto as mudanças no uso e cobertura da terra (emissões da agricultura – captura na agricultura + desmatamento – captura do reflorestamento) apresentavam emissões líquidas da ordem

---

15 Disponível em: <https://www.wwf.org.br/?61963/Estudo-lanado-na-COP23-indica-caminhos-para-o-Brasil-zerar-o-desmatamento-na-Amaznia>. Acesso em: 21 jul. 2019.

de 309 milhões de toneladas de CO_2, outros países já estavam capturando mais que emitindo gases de efeito estufa. A China teve um sequestro líquido de 314 milhões de toneladas e a União Europeia, de 428 milhões.

TABELA 1

Brasil: mais emissões que captura de gases de efeito estufa[16]

M t CO_2 eq (2015)	Floresta*	Agropecuária**
Indonésia	998	471
Brasil	294	15
Nigéria	183	8
Tanzânia	161	60
República Democrática do Congo	145	23
Paraguai	142	2
Índia	112	10
México	7	1
Uruguai	– 11	0
Austrália	– 73	7
Estados Unidos	– 193	152
China	– 314	2
União Europeia	– 517	89
Resto do Mundo	– 26	665
TOTAL	1 067	1 998

* Inclui outros ecossistemas.

** Inclui agricultura, pecuária e queima de biomassa.

Fonte: FAO

16 Reprodução com base em informações de 2017 da Divisão de Estatística da FAO (FAOSTAT). Disponível em: <http://www.fao.org/faostat/en/#data/GL/visualize>. Acesso em: 16 out. 2019.

Assim, embora a agricultura em todos os países continue emitindo mais do que sequestra, na União Europeia, na China, nos Estados Unidos, na Austrália e mesmo no Uruguai o sequestro líquido oriundo das florestas compensa em muito as emissões líquidas provenientes da agropecuária, enquanto no Brasil ocorre exatamente o contrário, com as emissões florestais se somando às agropecuárias, fazendo com que o total emitido seja o segundo mais elevado do mundo, perdendo apenas para a Indonésia, onde a agricultura se desenvolve à custa da queima de florestas sobre solos turfosos.

18

Cerca de 20% do território da Amazônia já foram desmatados. Em 1960, como mostra Beto Veríssimo (2018), do Imazon, este total era de apenas 1%. O ponto de virada a partir do qual a floresta pode passar por severo processo de desertificação (comprometendo a capacidade produtiva da região e os serviços ecossistêmicos prestados pelo bioma, a começar pela oferta de água) é habitualmente estimado em 40%. No entanto, o trabalho de Thomas Lovejoy e Carlos Nobre (2018), publicado na prestigiosa *Science Advances*, mostra que, se aos impactos do corte raso da floresta forem acrescentados os efeitos tanto das mudanças climáticas como das atividades madeireiras que fragilizam a resiliência dos ecossistemas florestais, o ponto de virada em direção à "savanização" e à possível desertificação das áreas atingidas pode estar na faixa próxima ao que já foi desmatado até hoje.

O trabalho de Nepstad e colaborares, publicado na *Nature*, já fazia, em 1999, análise minuciosa destas outras fontes de fragilização dos ambientes florestais, corroborando a análise de Lovejoy e Nobre: o ponto de virada a partir do qual o risco de desertificação da Amazônia aumenta drasticamente parece mais próximo do que se costumava estimar.

19

Este processo de savanização e a possível desertificação dele decorrente não é grave apenas para a Amazônia. A evapotranspiração amazônica é fundamental para as chuvas que asseguram a viabilidade da agricultura no Centro-Sul do Brasil e em outras regiões da América Latina. Os reservatórios que abastecem as grandes regiões metropolitanas do sul do continente são também tributários do ciclo hidrológico que tem seu epicentro na floresta. O desmatamento prejudica este ciclo e pode trazer consequências catastróficas tanto para a agropecuária como para o abastecimento de água.

As secas de 2005, 2010 e 2015-2016 devem ser consideradas, como mostram Lovejoy e Nobre, expressões de que a virada ecológica da Amazônia está mais próxima do que se pensava há alguns anos.

20

Um dos mais danosos efeitos das mudanças climáticas é o de ampliar a suscetibilidade das florestas tropicais a incêndios. O aumento em 36% dos incêndios na Amazônia em 2015 (relativamente à média dos doze anos anteriores) é atribuído, por um estudo de pesquisadores do Inpe publicado na *Nature Communications*, às mudanças climáticas (ARAGÃO *et al.*, 2018).

O ano de 2017 foi recorde em queimadas no país, desde que as medições começaram. Ao todo, foram 275 120 incêndios registrados, dos quais 132 mil na Amazônia. Só no Pará, as queimadas aumentaram 200% em 2017 relativamente ao ano anterior, como mostra o vídeo produzido pelo Observatório do Clima.[17]

Persistir no nível de desmatamento atual é abrir caminho para que a floresta tropical se converta de sorvedouro em emissora de gases de efeito estufa: "o risco é que, com temperaturas mais altas e secas de maior duração, a respiração das plantas possa exceder as taxas fotossintéticas, fazendo das florestas tropicais uma fonte de emissões de gases de efeito estufa", conforme explica Scott Vaughan (2015), presidente do International Institute for Sustainable Development [Instituto Internacional para o Desenvolvimento Sustentável].

21

As florestas tropicais desempenham funções ecossistêmicas referentes ao ciclo da água e ao armazenamento do carbono que tornam sua destruição uma ameaça tanto aos povos que delas dependem diretamente como ao conjunto da espécie humana. As florestas tropicais correspondem a ambientes muito mais frágeis e suscetíveis que os característicos das de clima temperado. Contrariamente ao que ocorre nas áreas temperadas, a destruição florestal nos trópicos tem maiores chances de resultar em desertificação.

No livro clássico de 1952 em que pela primeira vez o termo foi empregado, *The Tropical Rainforest* [A floresta

---

[17] Disponível em: <https://www.youtube.com/watch?v=G J5oazNH--M>. Acesso em: 16 out. 2019.

tropical], P. W. Richards mostra que as florestas temperadas têm maior capacidade regenerativa que as tropicais quando suprimida sua vegetação.

22

Esta é uma das razões pelas quais é fundamental proteger uma área de setenta milhões de hectares (mais que toda a superfície do Sul do Brasil) coberta por florestas na Amazônia e que se encontra atualmente à mercê de grileiros e desmatadores ilegais, como mostram Claudia Azevedo-Ramos, do Núcleo de Altos Estudos Amazônicos (NAEA), da Universidade Federal do Pará (UFPA), e Paulo Moutinho, do Ipam, em artigo publicado em prestigiosa revista científica (AZEVEDO RAMOS & MOUTINHO, 2018). Estes setenta milhões de hectares (o dobro da superfície da Alemanha), mostram os pesquisadores, estocam 25 bilhões de toneladas de gás carbônico, o que corresponde à soma das emissões brasileiras por catorze anos.

A proteção destas áreas é urgente: exatamente por não estarem legalmente delimitadas, elas são objeto da ação de grileiros e desmatadores. Nada menos que 25% do desmatamento registrado na Amazônia entre 2010 e 2015 ocorreu nestas áreas públicas desprotegidas. O estudo mostra também que, tendo em vista as áreas já desmatadas e subutilizadas na Amazônia, não faz sentido econômico que estas áreas sejam destinadas a atividades agropecuárias convencionais, e propõe que sua proteção se apoie em mecanismos que estimulem o uso sustentável da floresta.

23

O *Atlas da Agropecuária Brasileira*,[18] realizado pelo Imaflora em parceria com o Laboratório de Planejamento de Uso do Solo e Conservação (Geolab) da Escola Superior de Agricultura Luiz de Queiroz (Esalq) da USP, com apoio da Fundação de Amparo à Pesquisa do Estado de São Paulo (Fapesp), corrobora as informações de Cláudia Azevedo-Ramos e Paulo Moutinho e amplia a análise sobre os estoques de carbono contidos nas florestas para as propriedades privadas. Apesar da importância das áreas protegidas (e cuja integridade encontra-se sob a ameaça da exploração ilegal de madeira, do garimpo clandestino e da grilagem, como será visto na parte IV deste livro), é preciso atentar ao fato de que um quarto do estoque de carbono das florestas permanece sem qualquer proteção e sujeito ao desmatamento.

Sete mil grandes imóveis na Amazônia acumulam 15% do carbono desprotegido do Brasil, enquanto outros 110 mil pequenos imóveis detêm 10%. Os riscos são ainda maiores no Cerrado, onde trinta mil imóveis acumulam 25% do carbono nacional desprotegido, conforme artigo de Freitas (2017) publicado na prestigiosa *Global Change Biology*.

24

A redução do desmatamento não conduz à redução da produção. O Gráfico 3 mostra que o PIB agropecuário da Amazônia cresceu mesmo com o desmatamento em queda.

[18] Disponível em: <http://www.imaflora.org/atlasagrope cuario>. Acesso em: 16 out. 2019.

GRÁFICO 3

O PIB agropecuário da Amazônia cresceu mesmo com o desmatamento em queda

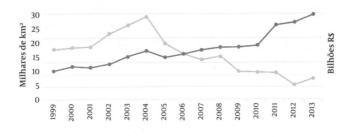

Fonte: Observatório do Clima.

FIGURA 1

Desmatamento no Mato Grosso, toneladas de soja e número de cabeças de gado produzidas de 2001 a 2010

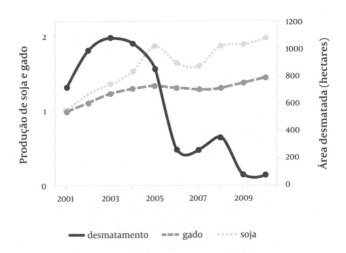

Fonte: PNAS. Disponível em: <https://www.pnas.org/content/109/4/1341>. Acesso em: 21 out. 2019.

25

Só no Mato Grosso, o desmatamento caiu de um total de 6 800 km² (média do período entre 1990 e 2006) para 1 650 km² (entre 2007 e 2012), enquanto a produção tanto de soja como de carne aumentava, como mostra a Figura 1, reproduzida do artigo de Macedo *et al.* (2012), publicado na prestigiosa PNAS.

26

Contudo, persistir no desmatamento pode comprometer o desempenho da própria agricultura. No ano 2000, as florestas do Mato Grosso contribuíam com 50 km³ anuais para a evapotranspiração no Estado. Ao fim desta década, em 2009, o desmatamento tinha feito cair este montante em torno de 1 km³ por ano. Em 2009, a evapotranspiração atingia então apenas 40 km³. Os prejuízos desta redução na capacidade de captar e bombear água para a atmosfera são, evidentemente, imensos, como mostra o trabalho de Lathuillère *et al.* (2012), com destaque para as mudanças no regime de chuvas, prolongando estiagens e aumentando a severidade dos temporais.

27

A conversão de imensas superfícies do Cerrado (parte do qual encontra-se na Amazônia) em área agrícola também está comprometendo o ciclo da água. Entre 2003 e 2013, a área de cultivos agrícolas no Cerrado passou de 1,2 milhão a 2,5 milhões de hectares; 74% das novas áreas de cultura vieram de vegetação previamente intacta. Isso reduziu o montante de água reciclada para a atmosfera via evapotranspiração. Só em 2013, as áreas de cultura agrícola reciclaram 14 km^3 a menos do que se estas áreas não tivessem sido desmatadas, como mostra o artigo de Spera *et al.* (2016) na *Global Change Biology*.

28

O relatório da Embrapa *Visão 2030: o futuro da agricultura brasileira*[19] mostra que as mudanças climáticas devem provocar perdas para a agricultura de US$ 7,4 bilhões em 2020 e US$ 14 bilhões em 2070. A soja seria a principal perdedora, mas produtos como café, milho, arroz, feijão, algodão e girassol também devem ser afetados.

29

O caráter predatório do desmatamento se exprime antes de tudo em seus resultados: áreas pouco propícias para a agricultura e a pecuária, gerando baixa produtividade. Nada menos que 70% do que foi desmatado na Amazônia está ocioso, segundo Beto Veríssimo, pesquisador sênior do Imazon, no citado artigo publicado na revista *Época*. O Brasil já possui 240 milhões de hectares (cerca de um terço de seu território, incluindo a Amazônia) de áreas abertas para agricultura, pastagem e florestas plantadas.

---

19 Disponível em: <https://www.embrapa.br/visao/o-futuro-da-agricultura-brasileira>. Acesso em: 21 out. 2019.

30

Mesmo nas áreas que podem ser legalmente desmatadas na Amazônia (ou seja, as áreas privadas que não são reserva legal nem áreas de proteção permanente), apenas 27% apresentam potencial agronômico que justifica seu aproveitamento, conforme mostra estudo do Instituto Escolhas.[20] No Cerrado, apenas 13% das áreas passíveis de ser legalmente desmatadas têm potencial para uma agricultura produtiva. Estes números são fundamentais, pois significam que a melhor destinação para as superfícies pouco propícias a uma agricultura de alta produtividade é a regeneração florestal e a prestação dos serviços ecossistêmicos a ela associados. No Cerrado, a área ocupada atualmente por pastagens improdutivas já é suficiente para atender às demandas globais e domésticas por carne e grãos até 2040, sem a necessidade de novas conversões de áreas naturais, como mostra artigo de Bernardo Strassburg *et al.* (2017).

31

Em suma, não há razões econômicas que justifiquem a persistência do desmatamento na Amazônia. O crescimento econômico e o vigor da agropecuária, mesmo a da Amazônia, não dependem do desmatamento. A perda da floresta é uma ameaça à agropecuária em todo o país e à oferta dos serviços ecossistêmicos dos quais todos (dentro e fora do Brasil) dependem.

---

20 Disponível em: <http://escolhas.org/wp-content/uploads/2017/10/Escolhas-Sum%C3%A1rio-Desmatamento-Zero-duplas.pdf>. Acesso em: 16 out. 2019.

O próximo item examina quais seriam as perdas decorrentes da interrupção imediata do desmatamento. Não se trata, é importante assinalar, de examinar as políticas necessárias a tal finalidade, objetivo que não faz parte do escopo deste trabalho. Trata-se sim de mostrar que as atividades econômicas prejudicadas pelo fim do desmatamento são aquelas de mais baixa qualificação e conteúdo em inteligência, informação e conhecimento.

‖

São baixos os custos do desmatamento zero

32

São irrisórios os prejuízos econômicos decorrentes do fim do desmatamento na Amazônia no plano nacional, embora, localmente, possam ser detectados impactos negativos para os que dependem destas atividades ilegais e predatórias. "Quais seriam os impactos sociais e econômicos caso adotássemos uma política de desmatamento zero?" Esta pergunta norteia o já citado estudo publicado em 2017 pelo Instituto Escolhas, em colaboração com o Imazon, o Imaflora e o Geolab. A resposta é clara: "Se todo o desmatamento — e a consequente expansão da fronteira agrícola — no Brasil acabasse imediatamente, seja legal ou ilegal, incluindo terras públicas e privadas, haveria um impacto mínimo na economia do país. Isso significaria uma redução de apenas 0,62% do PIB acumulado entre 2016 e 2030, o que corresponderia a uma diminuição do PIB de R$ 46,5 bilhões em quinze anos, ou R$ 3,1 bilhões por ano". Como lembra o estudo, é uma cifra irrisória: somente os subsídios para o Plano Safra foram de R$ 10 bilhões em 2017. Os 0,62% do PIB perdidos com o fim do desmatamento até 2030 são considerados pelo estudo como um custo social.

33

As perdas nos próprios estados brasileiros visados pela interrupção do desmatamento seriam maiores que as nacionais. Enquanto os estados do Sul, Sudeste e Nordeste têm, no cenário de desmatamento zero, declínio em seus PIBs inferior a 0,5% até 2030, na Amazônia o quadro muda: no cenário de desmatamento zero até 2030, o Acre perderia 4,53% de seu PIB, o Mato Grosso 3,17% e o Pará 2,05%.

34

Como se poderia esperar, um dos resultados do modelo aplicado no estudo é que as categorias menos qualificadas entre os trabalhadores da Amazônia são as que conhecerão as maiores perdas salariais, como resultado do fim das atividades predatórias e mal remuneradas às quais com tanta frequência estão vinculadas. Tolerar a continuidade do desmatamento por razões supostamente sociais é perenizar atividades predatórias, na maior parte das vezes ilegais e associadas a condições de trabalho degradantes.

35

Outro resultado importante do estudo é que o aumento na produtividade da bovinocultura de corte e de leite seria mínimo para compensar as perdas decorrentes do fim do desmatamento.

A conclusão do Instituto Escolhas é que "zerar ou mesmo apenas reduzir o desmatamento e acabar com a expansão da fronteira agrícola no Brasil teria um impacto muito baixo na economia do país e praticamente sem perdas sociais". As perdas previstas na atividade pecuária poderiam ser totalmente compensadas por melhorias muito graduais na produtividade.

36

O cumprimento do que o país anunciou publicamente em Paris em 2015 — a recuperação de doze milhões de hectares de florestas até 2030 — é uma oportunidade para investimentos privados, mas é sobretudo um componente do fortalecimento das condições ambientais para a expansão da própria produção agrícola. Restaurar paisagens naturais, mostra recente relatório da The Nature Conservancy, "tornou-se uma potencial cadeia produtiva do agronegócio".[21]

21 Disponível em: <https://www.nature.org/media/brasil/economia-da-restauracao-florestal-brasil.pdf>. Acesso em: 21 jul. 2019.

37

No que se refere à recuperação florestal, seu ritmo não tem ido além de cem mil hectares por ano. Isso corresponde ao cumprimento de 0,9% daquilo com que o Brasil se comprometeu na Conferência de Paris em 2015. Nesta velocidade, serão necessários nada menos que 120 anos para cumprir a meta estabelecida, continua o relatório.

Além de seus benefícios ecossistêmicos, a economia da restauração florestal representa uma oportunidade de geração de empregos, renda e inovação — terreno em que o Brasil tem condições técnicas de ocupar posição de destaque no plano internacional. Se os sinais da política pública forem adequados, há "toda uma cadeia produtiva com seus diferentes segmentos (coleta e produção de sementes, viveiros de mudas, manutenção dos plantios, assistência técnica, monitoramento etc.) hoje incipientes diante do cenário projetado para a atividade. Nos Estados Unidos, por exemplo, a recuperação de áreas gerou 126 mil empregos diretos, mais que as indústrias americanas de carvão, madeira ou aço. A cada milhão de dólares investido na atividade, são gerados nada menos que 33 empregos", conclui o estudo da The Nature Conservancy.

38

Os investimentos necessários para o reflorestamento no qual o Brasil engajou-se internacionalmente estão ao alcance de suas possibilidades econômicas. Segundo estudo do Instituto Escolhas,[22] o custo de reflorestar

22 Disponível em: <http://escolhas.org/wp-content/

doze milhões de hectares varia de R$ 31 bilhões a R$ 52 bilhões, a depender dos métodos de restauração. No caso de maior custo, isso significa R$ 3,7 bilhões anuais em catorze anos, com a criação de 250 mil empregos e a arrecadação de R$ 6,5 bilhões em impostos. O gasto anual corresponderia a apenas 2,3% dos créditos do Plano Safra.

É claro que se trata de uma cifra aproximativa e com inúmeras condições. Ela envolve apenas a Mata Atlântica e a Amazônia e não o Cerrado, onde não se dispõe de dados para fazer este tipo de cálculo. As informações que deram lugar a este número originam-se na indústria de reflorestamento. É provável que outras organizações (inclusive as comunidades que vivem no interior de áreas florestais) disponham de tecnologias capazes de baratear estas atividades, sobretudo no que se refere ao plantio de espécies nativas.

39

Uma das mais importantes condições para a redução substantiva do desmatamento na Amazônia é a melhoria do estado em que se encontram as pastagens no país como um todo e na região em particular.

Por isso, o Brasil assumiu a meta voluntária, na Conferência de Paris, de recuperar quinze milhões de hectares de pastagens degradadas e expandir em cinco milhões de hectares a superfície dos sistemas de integração lavoura/pecuária/floresta, até 2020. Para isso, seriam necessários investimentos entre R$ 27 bilhões e R$ 31 bilhões em recuperação de pastagens, e de quase R$ 8 bilhões em sistemas de integração.

uploads/2016/09/4-92594f_b37a7ea57beb4bce8592 2381600631ao.pdf>. Acesso em: 16 out. 2019.

40

Em suma, as perdas decorrentes do fim do desmatamento recaem sobre atividades que uma sociedade democrática moderna deveria superar, ou seja, aquelas que se concentram em modalidades extrativistas e na maior parte das vezes ilegais, distantes das inovações tecnológicas das economias contemporâneas.

Estas atividades contrastam, como será visto a seguir, com aquelas que, de forma incipiente, porém promissora, se desenvolvem no interior de diversos tipos de Unidades de Conservação na Amazônia.

As áreas protegidas são um trunfo para o Brasil

41

As Unidades de Conservação ocupam 18% do território brasileiro, ou seja, 152,4 milhões de hectares, e 73% desta área (111 milhões de hectares) encontram-se na Amazônia: 37% delas são de "uso integral" (destinam-se à preservação da natureza e só admitem uso indireto de seus atributos) e 63% são de "uso sustentável" (compatibilizam a preservação com coleta e uso de recursos florestais e técnicas adequadas à preservação da floresta), conforme estudo de Araújo & Barreto (2015), do Imazon.

42

O conjunto de áreas protegidas da Amazônia (que chega a quase metade de seu território) é uma conquista democrática que traz ao menos três resultados positivos ao Brasil.

Em primeiro lugar, as áreas protegidas estão na base do fortalecimento das comunidades de povos originários, contribuindo assim para reparar (de forma evidentemente parcial) a destruição e a violência de que estes povos foram e são vítimas. A cultura material e imaterial das populações tradicionais da Amazônia traz ensinamentos que o país pouco conhece e menos ainda valoriza.

Em segundo lugar, estes territórios fortalecem a condição do Brasil como país detentor da maior biodiversidade do planeta e, consequentemente, permitem que sejam articuladas políticas globais inteligentes para remunerar nossa prestação de serviços ambientais. O Fundo Amazônia é apenas um exemplo que pode ser seguido, caso haja políticas nesta direção, por investimentos financeiros vindos também do setor privado. Os serviços ecossistêmicos globais prestados pela Amazônia têm sido frequentemente exaltados pelas autoridades brasileiras em conferências internacionais, e é com razão que o Brasil pleiteia que tais serviços sejam reconhecidos sob o ângulo econômico, internacionalmente.

Em terceiro lugar, estes territórios não só oferecem produtos e possibilidades de geração de renda para a manutenção das pessoas que deles dependem, mas têm um imenso potencial para a geração de inovação que a ciência está ainda muito longe de aproveitar e mesmo de conhecer.

43

Mais de 30% da água consumida no país é captada diretamente ou em fontes a jusante de áreas protegidas. Esta proteção significa que tais fontes permanecem limpas, necessitando de poucos investimentos para o tratamento da água. Além disso, 79% da água responsável pela geração de hidroeletricidade no Brasil originam-se em áreas protegidas.[23]

44

Vivem nas Terras Indígenas da Amazônia 170 povos que falam idiomas distintos, agrupados em catorze diferentes troncos linguísticos, num total de 450 mil pessoas. Estima-se que haja 46 grupos indígenas isolados ou de pouco contato. Este é um patrimônio cultural do qual qualquer país deveria orgulhar-se, mas que, como será visto no tópico IV, mais à frente, está sendo sistematicamente destruído — muitas vezes, com o beneplácito do Estado e da representação política local.

45

As Unidades de Conservação e, sobretudo, as Terras Indígenas tendem a ser as mais preservadas na Amazônia. Uma vez reconhecida juridicamente uma Terra Indígena, é baixa a expectativa de legalizar sua apropriação indevida por parte de invasores. Esta é uma

23 Disponível em: <https://www.sosma.org.br/90262/coalizao-de-ongs-pede-compromisso-dos-presidenciaveis-conservar-patrimonio-natural/>. Acesso em: 21 out. 2019.

das razões centrais que explicam que apenas 1,3% do desmatamento na Amazônia venha de Terras Indígenas.[24]

46

No mundo todo, as florestas sobre as quais comunidades tradicionais têm direitos contêm quase 38 bilhões de toneladas de carbono, o que corresponde a 29 vezes mais que a pegada de carbono de toda a frota mundial de automóveis, segundo trabalho do World Resources Institute (WRI) (DING *et al.*, 2016).

O mesmo trabalho faz uma estimativa sobre os ganhos decorrentes da manutenção das florestas em Terras Indígenas, tomando como base o que é internacionalmente conhecido como o custo social do carbono (*social cost of carbon*) e que o governo norte-americano estabelecia em US$ 41 por tonelada de CO_2, em dólares de 2015. Levando-se em consideração o carbono armazenado em cada tipo de floresta, o WRI estima que o benefício médio do desmatamento evitado (pelo fato de as Terras Indígenas serem demarcadas e, assim, preservadas) é de US$ 14 por hectare no Brasil (este montante sobe a US$ 40 na Bolívia e desce a US$ 6 na Colômbia).

24 Disponível em: <https://www.funbio.org.br/wp-content/uploads/2017/09/Marco-de-Pol%C3%ADticas-com-Povos-Ind%C3%ADgenas_Projeto-PSAM-Brasil_23_agosto_2017.pdf>. Acesso em: 16 out. 2019.

47

Contudo, além da armazenagem de carbono, as florestas prestam outros serviços ecossistêmicos, cuja avaliação fez também parte do trabalho do WRI. Como a oferta destes serviços não passa pelo sistema de preços, os economistas calculam seu valor pelo que custaria produzi-los, caso eles fossem destruídos pela devastação florestal.

É claro que o resultado destes cálculos não pode então ser exato. Mas ele mostra que as Unidades de Conservação e especialmente as Terras Indígenas produzem utilidades cujo valor ultrapassa o de qualquer atividade econômica que pudesse ser instalada nestes locais. Que não haja pagamento em espécie por estas utilidades não pode ser uma justificativa para que sua oferta seja eliminada pela destruição florestal.

48

O valor total, estimado pelo WRI, dos serviços ecossistêmicos de regulação hídrica, de proteção do solo e de sequestro de carbono nas Terras Indígenas da Amazônia do Brasil, da Bolívia e da Colômbia sobe a nada menos que US$ 1,13 trilhão — 75% deste total corresponde ao aporte brasileiro.

É importante assinalar que os custos para a obtenção de tais resultados correspondem a não mais que 1% dos benefícios. O trabalho do WRI mostra que garantir a integridade e ampliar a extensão das Terras Indígenas está entre as mais baratas modalidades de luta contra as mudanças climáticas, na comparação, por exemplo, com a redução das emissões vindas da geração de eletricidade por meio de carvão ou gás.

TABELA 2

Benefícios dos serviços ecossistêmicos prestados pelas
Florestas da Bacia Amazônia.
Variação de valores médio, baixo e alto
(US$/ha/ano em dólares de 2015)

Serviços Ecossistêmicos	Média	Baixo	Alto
Serviços hidrológicos	287	175	400
Retenção de nutrientes	150	100	200
Regulação da dinâmica do clima local e do ciclo da água	113	55	170
Polinização	45	40	50
Valor de existência	15	5	25
Recreação e turismo	5	3	7

Fonte: DING *et al.* (2016)

49

Existem na Amazônia 223 Terras Indígenas aguardando
os passos finais do processo de homologação e demarcação. Sua superfície chega a 9,5 milhões de hectares
e elas são habitadas por 126 mil pessoas. Estes territórios armazenam pelo menos onze bilhões de toneladas
de carbono.[25]

Como mostra Antônio Donato Nobre (2014), o desmatamento destas áreas, hoje ameaçadas pela mineração, pela
expectativa de legalização da grilagem e pela exploração

---

[25] Disponível em: <https://www.socioambiental.org/sites/
blog.socioambiental.org/files/nsa/arquivos/nota_tecnica_
monitoramento.pdf>. Acesso em: 21 jul. 2019.

madeireira, conduziria a um aumento da temperatura regional entre 4,2 e 6,4 graus Celsius, com impactos desastrosos sobre o ciclo hídrico. Não há como estimar o valor econômico de se evitar tal desastre, mas é óbvio que este valor deve ser creditado à manutenção da integridade das Terras Indígenas, o que aumenta (e não só para os próprios indígenas) o interesse e a urgência de sua demarcação.

50

As Unidades de Conservação não são e não podem ser consideradas como redomas intocáveis e avessas a qualquer atividade econômica. Ao contrário, uma das condições da preservação de suas funções ecossistêmicas está no fato de elas abrigarem populações tradicionais, ou seja, povos indígenas e comunidades ribeirinhas e extrativistas cujas culturas materiais compatibilizam o uso da floresta e sua preservação.

Entre as atividades mais promissoras, neste sentido, o turismo, que já movimenta aproximadamente R$ 4 bilhões por ano, gera 43 mil empregos (ARAÚJO *et al.*, 2017). O turismo de base comunitária gera renda e estimula habilidades gerenciais na comunidade. Atualmente, há 23 iniciativas de turismo comunitário localizadas em dez estados do Brasil em mais de cem municípios. A Rede Turisol[26] é um exemplo deste tipo de iniciativa. Várias comunidades indígenas já desenvolvem projetos de ecoturismo.

26 Disponível em: <https://turismocomunitarioblog.wordpress.com/2015/09/03/turisol-vamos-cultivar-essa-rede/>. Acesso em: 21 jul. 2019.

51

Em contraste com a criminalidade que impera na exploração madeireira ilegal (como será visto no próximo tópico), é extremamente promissor o manejo florestal de madeira, explorada de forma planejada.

O Programa Madeira É Legal foi assinado por 28 organizações, incluindo os governos estadual e municipal de São Paulo, o Sindicato da Indústria da Construção Civil de São Paulo (SindusConSP), o Sindicato do Comércio Atacadista de Madeiras do Estado de São Paulo (Sindimasp), a Associação Paulista de Empresários de Obras Públicas (APEOP), a Associação Brasileira dos Escritórios de Arquitetura (AsBEA) e o Centro de Estudos em Sustentabilidade da Fundação Getúlio Vargas (GVCes), além do WWF.

Um dos componentes deste programa é a implantação do "regime de manejo" na exploração florestal: uma área é dividida em parcelas exploradas, uma a cada ano, em ciclos que variam de 25 a 35 anos. Árvores adultas são retiradas de uma parcela, enquanto as jovens continuam crescendo.[27] A geração de renda é contínua ao longo do tempo, ao contrário da exploração predatória que esgota o recurso e, com ele, os potenciais de geração futura de renda e bem-estar.

Rodrigo Medeiros e Carlos Eduardo Young (2011) mostram que a renda potencial gerada pela produção de madeira em tora nas Florestas Nacionais e Estaduais da Amazônia, com base em manejo e segundo modelo de concessão florestal, varia de R$ 1,2 bilhão a R$ 2,2 bilhões por ano, muito mais que o valor do que é extraído hoje de forma destrutiva na região.

---

27 Disponível em: <https://www.wwf.org.br/natureza_brasileira/reducao_de_impactos2/amazonia/amazonia_acoes/governancaflorestal/>. Acesso em: 21 jul. 2019.

52

Uma das mais importantes modalidades de exploração sustentável da madeira é o manejo comunitário. Na Amazônia, seu potencial sobe a 47 milhões de hectares.[28] É interessante observar como a legalização desta atividade atrai tecnologias de ponta. É assim que a Bolsa Verde do Rio de Janeiro (BVRio) está usando o *blockchain* (as técnicas descentralizadas subjacentes às moedas virtuais) para rastrear e certificar a origem da madeira.[29]

Será um importante sinal de desenvolvimento e de democracia quando a exploração madeireira não mais estiver associada ao crime, à sonegação e à destruição, e sim à sustentabilidade e à inovação tecnológica.

53

Um dos grandes desafios do Brasil para reflorestar os doze milhões de hectares com os quais se comprometeu na Conferência de Paris está em baratear os custos desta atividade. Na verdade, na maior parte dos casos, os criadores de gado e os agricultores com atividades na Amazônia não dominam as tecnologias de plantio nem conhecem as espécies nativas com as quais o reflorestamento pode e deve ser levado adiante.

28 Disponível em: <https://www.bvrio.org/view?type=publicacao&key=publicacoes/7e56b7c0-3998-42f7-9f6f-4c5fe437c48e.pdf>. Acesso em: 21 jul. 2019.
29 Disponível em: <https://www.bvrio.org/plataforma/plataforma/noticia.do?id=609.>. Acesso em: 21 jul. 2019.

Neste sentido, a Rede de Sementes do Xingu,[30] liderada pelo Instituto Socioambiental, traz um ensinamento altamente promissor: populações indígenas e ribeirinhas que conhecem profundamente a floresta coletam sementes que são analisadas e classificadas por técnicos e vendidas a fazendeiros que precisam ter suas áreas reflorestadas. Até então, o esforço de fazer o plantio por meio de mudas era frequentemente frustrante e de alto custo. Com a associação entre os conhecimentos agronômicos contemporâneos e o conhecimento tradicional, estes custos foram significativamente reduzidos. Além disso, a atividade gera renda para os coletadores e reduz a tensão entre eles e os fazendeiros, que passam a valorizar estas atividades tradicionais e a respeitá-las.

Este é um exemplo em que a manutenção e a valorização da biodiversidade acarreta efeitos multiplicadores capazes de beneficiar não só as populações tradicionais, mas a própria atividade agrícola, que não só cumpre suas obrigações legais de recuperação florestal, mas passa a dispor de um ativo que beneficia sua produção em termos de clima, polinização e biodiversidade.

54

As atividades econômicas sustentáveis nas Unidades de Conservação envolvem também diferentes modalidades de extrativismo. Até muito recentemente, o extrativismo praticado pelas populações indígenas e

30 Disponível em: <https://www.socioambiental.org/pt-br/tags/rede-de-sementes-do-xingu>. Acesso em: 21 jul. 2019.

ribeirinhas submetia-se a regras de mercado em que os proprietários dos regatões tinham imenso poder no estabelecimento dos preços dos produtos vendidos, bem como nos que as populações locais compravam. Estes preços não estimulavam as atividades econômicas e desalentavam os mais jovens, que não viam perspectiva de um futuro melhor nos locais onde nasceram e na cultura em que cresceram.

Recentemente, diversas organizações, e sobretudo o Instituto Socioambiental, levaram adiante, na Terra do Meio, no Xingu, iniciativas que vêm permitindo mudar este quadro. Por um lado, capacitaram populações locais para que estas respondam pela gestão de produtos necessários ao consumo local. Ao mesmo tempo, auxiliaram indígenas e ribeirinhos a se transformarem em protagonistas da venda dos produtos por eles coletados, colocando-os diretamente em contato com empresas interessadas nesta produção. Assim, empresas do porte da Wickbold (alimentação) e da Mercur (borracha) passaram a estabelecer relações comerciais com as populações locais, com base na compreensão da lógica econômica específica destas regiões.

Tais iniciativas vêm atraindo o interesse de populações locais jovens e revertendo o quadro de êxodo que predominava até recentemente. O livro *Xingu: histórias dos produtos da floresta* (VILLAS-BÔAS *et al.*, 2017) apresenta um rico panorama sobre esses programas.

Rodrigo Medeiros e Carlos Eduardo Young (2011) estimam que, só nas onze Reservas Extrativistas que examinaram, a produção de borracha pode render R$ 16,5 milhões por ano. Nas dezessete Reservas Extrativistas que analisaram em outro estudo, o potencial de geração de renda da coleta de castanha-do-pará sobe a R$ 39,2 milhões.

55

O maior desafio do desenvolvimento sustentável na Amazônia está na transição do predominante modelo predatório de crescimento para aquilo que a geógrafa Bertha Becker chamava de economia do conhecimento da natureza.

Carlos Nobre e seus colaboradores insistem na necessidade de um novo paradigma para o desenvolvimento sustentável da Amazônia. Este paradigma combina o conhecimento das populações tradicionais com os métodos trazidos pela quarta revolução industrial, seja no monitoramento das atividades predatórias, seja, sobretudo, para permitir ampliar o conhecimento e a exploração de produtos de cuja composição e utilidade ainda pouco se sabe.

A Amazônia pode ser vista como "um bem público de ativos biológicos capaz de criar produtos inovadores de alto valor, serviços e plataformas por meio da combinação entre meios biológicos e digitais avançados e as tecnologias da quarta revolução industrial" (NOBRE *et al.*, 2016).

56

Em suma, os vastos territórios protegidos em Unidades de Conservação guardam uma riqueza imensa. Os métodos convencionais de sua exploração (a expansão da fronteira agrícola com base na eliminação da floresta, a mineração e a exploração destrutiva de madeira) podem trazer benefícios imediatos, mas acabam por destruir um potencial que até hoje foi pouco reconhecido pela própria sociedade.

Por mais impreciso que seja o cálculo do valor monetário dos serviços ecossistêmicos prestados pela floresta em pé, eles certamente superam — ainda mais se for considerado um prazo de décadas e não de anos — o que se pode obter pelas formas hoje consagradas de ocupação do território. Além disso, a floresta em pé gera renda e tem um potencial imenso de ser base para inovações tecnológicas.

Melhorar a vida e ampliar as oportunidades para que as populações tradicionais possam manter sua cultura e gerar renda por meio das atividades compatíveis com a preservação do ambiente em que vivem é uma das condições básicas para o desenvolvimento sustentável da Amazônia.

Garantir a vida, as possibilidades de trabalho e a autonomia e fortalecer os projetos para que ribeirinhos e indígenas tenham na oferta dos serviços prestados pela floresta seu meio de vida é uma aspiração não só deles próprios, mas um parâmetro que pode medir o próprio grau de desenvolvimento da sociedade como um todo. No entanto, como será visto a seguir, as áreas protegidas da Amazônia (e com elas o desenvolvimento sustentável) encontram-se sob ataque.

IV

As áreas protegidas estão sob ataque

57

É chocante o contraste entre a ousadia do Brasil democrático em preservar metade da Amazônia brasileira e a incapacidade de que esta determinação seja efetivamente respeitada. Mais de um terço do desmatamento recente no Mato Grosso foi feito em áreas sem categoria fundiária definida,[31] ou seja, superfícies provavelmente de domínio público e que o desmatamento visa privatizar.

---

31 Disponível em: <https://www.icv.org.br/2018/01/09/8880/>. Acesso em: 21 jul. 2019.

As estimativas sobre áreas não destinadas na Amazônia variam entre setenta e oitenta milhões de hectares, como visto nos parágrafos 23 e 24 deste livro. Permitir que estas áreas sejam desmatadas traz dois imensos prejuízos ao país. O primeiro é a perda dos serviços ecossistêmicos ligados ao ciclo da água, à captação do carbono e à biodiversidade. O segundo é a complacência diante dos métodos ilegais e violentos de apropriação de terras públicas na região, que alimenta uma cadeia de criminalidade, destrutiva da convivência democrática.

Como visto no tópico anterior, as Unidades de Conservação consistem no caminho mais seguro para garantir o desempenho das funções construtivas que a Amazônia têm a oferecer ao Brasil.

58

No entanto, as Unidades de Conservação e as populações que delas dependem estão sob ataque. Cerca de 2,5 milhões de hectares foram desmatados dentro de Unidades de Conservação na Amazônia até 2013. As pressões para a "desafetação" das Unidades de Conservação frequentemente alcançam seus objetivos: entre 1995 e 2012, um total de 2,8 milhões de hectares perdeu sua condição de área protegida, consumando ocupações irregulares. Segundo o Instituto Chico Mendes de Conservação da Biodiversidade (ICMBio), estas ocupações irregulares chegam a três milhões de hectares na Amazônia (ARAÚJO & BARRETO, 2015).

59

No plano estadual, destaca-se a iniciativa da Assembleia Legislativa de Rondônia de sustar a criação de Unidades de Conservação no estado. São seiscentos mil hectares, onde nascem rios importantes com muita riqueza de flora e fauna. Estas áreas haviam sido delimitadas pelo Zoneamento Socioeconômico e Ecológico de Rondônia, aprovado em 2000.[32]

60

Desmatamento não é um tema de natureza apenas ambiental, econômica ou social. O que está em jogo em sua permanência é uma questão central para a própria democracia, ou seja, a força das instituições republicanas em fazer com que os cidadãos cumpram as leis, e que este cumprimento seja um determinante de sua prosperidade.

A maior parte do desmatamento é hoje praticada na ilegalidade e se apoia em métodos que desrespeitam as normas básicas de convivência numa sociedade democrática. Desde 2012, o Mato Grosso desmata mais de 1 000 km² por ano.

Como mostra o acompanhamento do Instituto Centro de Vida,[33] a partir de informações da Secretaria do Meio Ambiente do estado, apenas 10% do desmatamento foi realizado de maneira legal entre janeiro e setembro de 2017. O resultado é um pouco melhor que o de 2016, quando não mais que 5% do desmatamento era apoiado em autorizações oficiais, segundo manda a legislação. O Imazon estima que, de todo o desmatamento na Amazônia, não chega a 20% o total do que foi legalmente autorizado.

32 Disponível em: <https://ipam.org.br/carta-aberta-em-defesa-da-criacao-de-11-unidades-de-conservacao-em-rondonia/>. Acesso em: 21 jul. 2019.

33 Disponível em: <https://www.icv.org.br/wp-content/uploads/2018/01/desmatamento-mato-grosso-2017.pdf>. Acesso em: 21 jul. 2019.

61

A ilegalidade se exprime igualmente nos dados da exploração madeireira, nas ameaças às que deveriam ser áreas preservadas e no desmatamento ilegal em áreas privadas. Mas tanto as áreas protegidas como aquelas que se encontram em mãos do setor privado ou cuja situação jurídica é indefinida são marcadas por práticas ilegais que contestam esta conquista democrática do Brasil contemporâneo.

Como mostra relatório do Instituto Centro de Vida, a Amazônia brasileira é definida por "alto nível de ilegalidade na exploração madeireira".[34] 41% do total da área explorada para fins madeireiros no Mato Grosso entre 2013 e 2016 não receberam autorização para esta atividade. Deste total, 66% correspondem a imóveis rurais privados e outros 24% são áreas sem categoria fundiária definida, o que ilustra a agressão a que estas áreas sem definição estão sujeitas, como apontado anteriormente nos parágrafos 23 e 24.

Esta proporção de ilegalidade "comprova que os atuais sistemas de monitoramento e controle florestal não permitem garantir a origem legal da madeira". Na verdade, prossegue o estudo do Instituto Centro de Vida, "os produtos madeireiros oriundos de exploração ilegal seguem sendo encobertos por documentos legais, gerando uma situação de falsa legalidade". Os dados relativos ao Pará mostram proporção de atividades madeireiras ilegais semelhantes à do Mato Grosso.

---

34 Disponível em: <https://www.icv.org.br/2018/02/15/ilegalidade-prejudica-setor-madeireiro-de-mato-grosso>. Acesso em: 16 out. 2019.

62

Os interesses na exploração ilegal de madeira acabam sendo um gerador de ataques contra comunidades locais, como documentou amplamente trabalho recente do Greenpeace,[35] relatando o que o Ministério Público do Mato Grosso chamou de massacre de Colniza, em que um grupo de encapuzados fuzilou nove pessoas que resistiam a sua ambição de dominar recursos existentes na região de Taquaruçú do Norte, que incluem espécies arbóreas de alto valor, como ipê, jatobá e massaranduba, amplamente utilizadas na fabricação de móveis e *decks* de jardim.

A tolerância e a cumplicidade das instituições públicas e privadas com o crime revelam-se no fato de a empresa do principal acusado pelo crime e foragido da justiça estar funcionando normalmente e vendendo madeira para o exterior.

63

A extração ilegal de madeira é impulsionada também por obras públicas que atraem grandes contingentes populacionais. O acompanhamento de campo e por monitoramento de dados secundários dos impactos da Usina Hidrelétrica de Belo Monte, realizado pelo Instituto Socioambiental,[36] traz informações importantes neste sentido: "A demanda da própria usina, bem

---

35 Disponível em: <https://www.greenpeace.org.br/hubfs/Relatorio_MadeiraManchadaDeSangue.pdf>. Acesso em: 21 jul. 2019.

36 Disponível em: <https://www.socioambiental.org/sites/blog.socioambiental.org/files/nsa/arquivos/rotasdosaque_digital02_0.pdf>. Acesso em: 16 out. 2019.

como dos empreendimentos associados a sua bolha especulativa (principalmente no mercado imobiliário), tem feito disparar a exploração madeireira. Para agravar esse cenário, o esgotamento de madeira de lei nas áreas não protegidas e o contexto de desgoverno absoluto desse ramo econômico no estado do Pará completam a equação: a exploração madeireira ilegal passou, na região sob influência da UHE Belo Monte, de vinte mil a setenta mil hectares só entre os anos 2011 e 2012".

Como os resultados desta exploração predatória têm que ser transportados, o trabalho do Instituto Socioambiental constatou a existência de 760 km de estradas ilegais somente na Terra Indígena de Cachoeira Seca.

64

As duas tabelas nas páginas 74 e 75, extraídas do trabalho do Instituto Socioambiental, mostram a intensidade das atividades de desmatamento e de exploração ilegal de madeira em uma das mais importantes áreas protegidas da Amazônia, a Terra do Meio, no corredor Xingu de diversidade socioambiental, uma das maiores áreas protegidas do planeta.

65

A expansão da fronteira agrícola brasileira obedece a estratégias patrimoniais apoiadas muito mais na força de seus protagonistas (que frequentemente tornam-se lideranças políticas locais, estaduais e, por vezes, nacionais, como mostram os relatos do livro de Torres, Doblas & Alarcon, 2017) do que em instrumentos consagrados internacionalmente e que o Brasil tem condições tecnológicas de aplicar, como a avaliação da capacidade do solo e o planejamento integrado do uso do solo.

66

A ligação entre desmatamento e criminalidade é um ataque à cidadania, aos direitos humanos e ao poder do Estado. Esta é uma das razões que explicam que, na Amazônia, os municípios onde mais se desmata sejam igualmente aqueles de maior explosão da violência, como mostra trabalho do Instituto de Pesquisa Econômica Aplicada (Ipea).[37]

O incêndio do prédio e de equipamentos do Instituto Brasileiro do Meio Ambiente e dos Recursos Naturais Renováveis (Ibama) em Humaitá, no Amazonas, em 2017, é uma demonstração da ausência da autoridade do Estado na proteção do patrimônio socioambiental do país. Grilagem de terras, invasão de áreas protegidas, construção de estradas clandestinas voltadas à extração ilegal e predatória de madeira e supressão de vegetação em desacordo com a legislação atual[38] são práticas que vêm desde o século XIX. E é óbvio que essas práticas são incompatíveis com a vida econômica do século XXI, com a capacidade técnica da agropecuária brasileira e com a contribuição que o país pode e deve dar à luta contra as mudanças climáticas.

37 Disponível em: <https://www.jpnews.com.br/brasil/municipios-em-areas-de-desmatamento-sofrem-mais-com-a-violencia-diz-ip/62911>. Acesso em: 16 jul. 2019.
38 Torres *et al.*, 2017.

TABELA 3

Desmatamento nas áreas protegidas
da Terra do Meio, entre 2004 e 2014 (km²)

Área protegida	2005	2011	2012	2013	2014
APA Triunfo do Xingu	433,3	84,8	72,6	85,2	121,4
Esec da Terra do Meio	60,7	1,2	4,1	0,6	1,3
FES do Iriri	9,6	0,9	2,2	1,2	0,0
Parna da Serra do Pardo	15,4	0,4	0,2	0,0	0,0
Resex Rio Iriri	3,1	0	0,2	0,1	0,3
Resex Rio Xingu	1,9	0,1	0,4	0,1	0,1
Resex Riozinho do Anfrísio	0,5	1,0	1,6	0,2	2,2
TI Cachoeira Seca do Iriri	35,5	19,2	14,7	16,2	6,0
TI Kuruáya	0	0	0	0,1	0
TI Xipaya	0	0	0	0	0,0
Total Terra do Meio	560,0	107,6	95,9	103,6	131,3
Incremento	– 23%	– 47%	– 11%	8%	27%

TABELA 4

Estradas ativas no mosaico da Terra do Meio,
entre 2005 e 2014 (km)

Área protegida	2005	2011	2012	2013	2014
APA Triunfo do Xingu	4 153	2 527	2 527	2 527	2 676
Esec da Terra do Meio	2 007	338	338	338	375
FES do Iriri	82	14	14	14	53
Parna da Serra do Pardo	479	15	15	15	15
Resex Rio Iriri	127	14	14	14	14
Resex Rio Xingu	134	0	0	0	0
Resex Riozinho do Anfrísio	210	345	473	506	546
TI Cachoeira Seca	398	467	542	542	761
TI Kuruáya	54	9	9	9	9
TI Xipaya	13	0	0	0	0
Total geral	7 656	3 730	3932	3 965	4 450

Fonte: Laboratório de Geoprocessamento do ISA / Núcleo Altamira.
Para o ano de 2011, dados do Imazon e ISA.

67

O levantamento do Instituto Centro de Vida[39] mostra que o corte raso da floresta não é disperso pelo Mato Grosso, mas está concentrado: 48% das superfícies de corte raso estão em dez municípios, o que é um forte indicativo da atuação de quadrilhas que organizam a logística e se encarregam da violência à qual o desmatamento ilegal com tanta frequência se associa.

68

Além da madeira e da abertura de terras com objetivos patrimoniais, a mineração clandestina é também vetor de desmatamento, sobretudo, como mostra reportagem de Fabiano Maisonnave (2018), na bacia do rio Tapajós, onde os índios Munduruku organizaram expedição guerreira para expulsar os que invadiam suas terras.

É impressionante, nas imagens que acompanham as reportagens de Fabiano Maisonnave na *Folha de S. Paulo* e no *The Guardian*, a quantidade e o porte das máquinas de exploração de ouro, o que inclui aviões como parte da logística da operação. A conclusão é que não se trata de uma exploração pouco visível ou levada adiante por pequenos criminosos isolados, inclusive porque seus efeitos na qualidade e até na coloração da água são impressionantes. "A economia de muitas cidades depende hoje de atividades ambientalmente danosas e ilegais que capturam políticos locais e ganham aceitação local", mostra a reportagem.

39 Disponível em: <https://www.icv.org.br/wp-content/uploads/2018/01/desmatamento-mato-grosso-2017.pdf>. Acesso em: 16 out. 2019.

Itaituba, uma cidade de noventa mil habitantes, elegeu como prefeito um antigo minerador de ouro. "A cidade tem até uma 'rua do ouro', onde o metal é vendido abertamente, a despeito de sua origem ilegal. Quando garimpeiros ilegais queimaram escritórios de órgãos ambientais do governo federal em Humaitá, o governador Amazonino Mendes declarou-se do lado dos mineiros" (MAISONNAVE, 2018).

69

A proteção legal das Unidades de Conservação não se traduz em estruturas capazes de fazer com que ela seja respeitada. Os dados neste sentido são chocantes.

O levantamento dos tribunais de contas da União e dos estados constatou que em 2013 apenas 4% destas Unidades possuíam recursos, instrumentos e infraestrutura necessários a sua gestão (ARAÚJO *et al.*, 2016).

Ao início da segunda década do milênio, metade das Unidades de Conservação na Amazônia não possuía plano de manejo aprovado ou conselho gestor. O número de funcionários alocados nestas Unidades é baixíssimo: uma pessoa para cada 1 871 km², segundo trabalho do Imazon e do Instituto Socioambiental (VERÍSSIMO *et al.*, 2011).

Rodrigo Medeiros e Carlos Eduardo Young mostram que, embora o Brasil tenha a quarta maior área protegida do mundo (atrás dos Estados Unidos, da Rússia e da China), seus investimentos na manutenção da integridade destes territórios estão muito aquém do necessário e daquilo que é despendido não só por países desenvolvidos, mas mesmo pelas nações em desenvolvimento. Por cada hectare de área protegida, o Brasil gasta quase cinco vezes menos que a Argentina, sete vezes menos que a Costa Rica, nove vezes menos que o México e 35 vezes menos que os Estados Unidos.

Além disso, no Brasil, a área protegida por funcionário está entre as maiores do mundo: na África do Sul, a área é de 1 176 hectares por funcionários. No Brasil, ela é vinte vezes maior (MEDEIROS & YOUNG, 2011).

70

Um dos problemas para o funcionamento das Unidades de Conservação é que elas são frequentemente invadidas, o que contribui para dificultar sua regularização fundiária. É importante considerar que muitas vezes estas invasões são decorrentes de má-fé, ou seja, do conhecimento de que se trata de uma Unidade de Conservação e da expectativa de que a ocupação seja legalizada, o que contraria decisões dos mais altos tribunais do país. Mas, mesmo no caso de ocupações antigas e cuja indenização é necessária, os investimentos para isso são largamente insuficientes, o que pereniza a incerteza jurídica sobre estas áreas.

O ICMBio estima que 5,4 milhões de hectares de Unidades de Conservação estejam sob ocupação irregular no Brasil. Seriam necessários R$ 7,1 bilhões para indenizar e remover os ocupantes. Ao mesmo tempo, o Tribunal de Contas da União estima que, ao ritmo atual dos investimentos nesta direção, seriam necessários cem anos para completar a regularização fundiária das Unidades de Conservação (ARAÚJO *et al.*, 2016).

71

A tese de doutorado de Jair Schmitt (2015) mostra que uma das mais robustas explicações para o desmatamento é que "a vantagem econômica a ser obtida [é] maior que os riscos de punição e os custos de produção da infração". Ele revela que "45% do desmatamento na Amazônia não é detectado oportunamente para que os agentes de fiscalização possam agir, e em apenas 24% dos casos há responsabilização administrativa". Deste total, "26% dos processos administrativos foram julgados em primeira instância, levando em média quase três anos".

Do total de multas aplicadas, apenas 0,2% foram pagas. Os próprios bens envolvidos em infrações ambientais ficam em posse do infrator, como fiel depositário.

72

Jair Schmitt elaborou um modelo que lhe permitiu comparar os riscos monetários do desmatamento ilegal com suas vantagens. O que ele chama de "valor de dissuasão" sobe a R$ 38,54, diante de uma vantagem econômica (sobretudo vinculada à pecuária) de R$ 3 mil por hectare. Quando o desmatamento volta-se à agricultura, o benefício potencial sobe a R$ 5,5 mil. E, no desmatamento ilegal voltado à venda da terra (motivação fundiária), a estimativa monetária do risco sobe a R$ 77,08, contra uma expectativa de ganho de R$ 6 mil por hectare.

A conclusão do autor é fundamental: "há uma grande possibilidade de ganhos com o desmatamento ilegal perante ao baixo risco de punição proporcionado pelo órgão ambiental". Seja qual for a atividade (pecuária, agrícola ou fundiária), o "valor de dissuasão específica não suplantou a vantagem econômica que motiva o desmatamento". Não é por outra razão que o título da tese de Jair Schmitt é "crime sem castigo".

73

Em suma, embora as áreas protegidas na Amazônia sejam um imenso trunfo para o desenvolvimento da região e para a afirmação do Brasil como potência ambiental global, este patrimônio está sob ataque vindo não apenas de forma episódica, mas por meio de uma coordenação que envolve mineradores, grileiros e exploradores ilegais de madeira, frequentemente apoiados por personalidades e organizações políticas municipais, estaduais e nacionais.

Tais ataques encontram-se na contramão do que fazem os países que mais se desenvolveram no mundo e que, sistematicamente, preservam e valorizam suas áreas florestas, como será visto a seguir.

V

Proteção às florestas não é idiossincrasia brasileira

74

Contrariamente a uma crença amplamente difundida, a base do crescimento econômico dos países mais ricos do mundo não é o desmatamento. É verdade que, até o século XIX, o desmatamento foi muito mais importante nas regiões de clima temperado do que nos trópicos, como mostra o *State of the World Forest* [Situação das florestas no mundo] da FAO.[40] Mas isso não torna admissível que,

40 Disponível em: <http://www.fao.org/3/a-i5588e.pdf>. Acesso em: 16 out. 2019.

em pleno século XXI, as florestas tropicais sejam destruídas, sob o pretexto de que "os países ricos também praticaram esta destruição".

A degradação da base florestal dos países hoje desenvolvidos refletiu justamente a precariedade, à época, das condições de seu crescimento econômico. Tão logo estes países dispuseram das mínimas condições técnicas que permitiram aumentar a produtividade da agricultura, o desmatamento foi significativamente revertido, como resultado tanto da maior capacidade produtiva, como do êxodo rural.

75

O melhoramento tecnológico na silvicultura voltada à oferta de madeira e em sua base industrial permitiu que, com apenas 7% da área florestal global, estas florestas ofereçam mais da metade da madeira consumida no mundo, proporção que deve aumentar para 80% nos próximos doze anos (VAUGHAN, 2015). A contribuição brasileira nesta direção é fundamental: o país está na vanguarda da inovação tecnológica na produção de papel e celulose.

76

A partir do século XIX, já há exemplos expressivos de países que inscreveram a recuperação florestal não apenas em seus objetivos nacionais, mas em suas legislações. Esta mudança de atitude, de cultura, de política e de prática na relação entre as sociedades e as florestas resulta de inúmeros fatores, mas tem por base a possibilidade de intensificar a produção agrícola e pecuária, utilizando para isso cada vez menos terra.

Além disso tanto o conhecimento científico como a experiência prática dos agricultores abriram caminho à "transição florestal", em que terras menos aptas à agricultura deixam de consagrar-se à produção e voltam à condição de floresta, seja por regeneração natural, seja por reflorestamento.

77

Foi o que ocorreu, em diferentes períodos históricos, no norte da Europa e nos Estados Unidos, mas também, mais recentemente, na China, na Índia e no Vietnã. É o que os especialistas chamam de "hipótese Borlaug", pela qual o aumento da produtividade na agricultura reduz a pressão para converter áreas de florestas em superfícies agrícolas. Mas, no processo de recuperação florestal que marca vários países do mundo, foi importante a visão de que, muito mais que conflito entre os dois tipos de área, florestas bem geridas têm imenso potencial para melhorar o desempenho da própria agricultura. Ao mesmo tempo, uma agricultura dinâmica, produtiva e capaz de incorporar tecnologias poupadoras de terra abre caminho à desejada redução do desmatamento.

78

Nesse sentido, é importante salientar dois modelos diferentes na relação estabelecida entre a porção da paisagem dedicada à produção agropecuária e aquela destinada à conservação dos recursos naturais, aos serviços ecossistêmicos e à biodiversidade. Tratam-se das chamadas estratégias de *land sharing* e *land sparing*.

Na primeira, áreas produtivas interagem intimamente com regiões de proteção, favorecendo a troca de fluxos de energia e biomassa, com uso extensivo do solo. Na segunda, formam-se zonas de produção intensiva e poupadoras de terras para proteção ambiental integral. Citam-se, respectivamente, a criação extensiva e tradicional de gado de corte no Pantanal, e os talhões de reflorestamento de pinus e eucalipto entremeados por florestas nativas dispostas em reservas legais.

Por outro lado, nem a pecuária extensiva nem a soja intensiva na Amazônia, atualmente, podem ser citadas como exemplos dessas estratégias. A pecuária extensiva baseada na queimada não respeita sequer a capacidade de suporte das pastagens exóticas, e os gigantescos bolsões de soja isolam completamente os fragmentos florestais, tornando a matriz da paisagem praticamente instransponível à maioria da fauna (PHALAN & GREEN, 2011).

79

Thiago Fonseca Morello (2011) reuniu ampla bibliografia mostrando que, desde o século XIX, França, Dinamarca, Suécia e Escócia passaram a promover o crescimento de suas áreas florestais.

É importante lembrar que tanto a Dinamarca como sobretudo a França são países onde a agricultura tem peso fundamental no crescimento econômico. A área florestal da França dobrou entre o final do século XIX e o final do século XX. Um terço do país é ocupado por florestas, boa parte das quais se encontram em mãos privadas. E, dos 16,5 milhões de hectares de florestas, apenas dois milhões correspondem a plantios de interesse industrial, sobretudo para resina (WEBER, 2017).

A grande maioria destina-se a preservar serviços ecossistêmicos essenciais para a economia e a sociedade.

Na primeira metade do século xx, Estados Unidos, Alemanha, Inglaterra e Irlanda também levaram adiante políticas de ampliação de suas áreas florestais.

80

As evidências mostradas na Nota Técnica elaborada em 2011 por Adalberto Veríssimo, do Imazon, e Ruth Nussbaum, do Proforest, da Universidade de Oxford,[41] vão na mesma direção. Além disso, o trabalho mostra que não é verdadeira a afirmação segundo a qual a legislação brasileira impõe aos agricultores exigências descabidas e não praticadas em outros países, como se vê na Tabela 5.

[41] Disponível em: <https://imazon.org.br/PDFimazon/Portugues/livretos/ImazonProforestFinal.pdf>. Acesso em: 16 out. 2019.

TABELA 5

Um Resumo do Status das Florestas
em Países Selecionados — Nota Técnica

País	Cobertura florestal			Propriedade privada
	1900	1950	Atual	
Alemanha		28% / 27%	32%	44%
China		5.2% / a 9%	22%	32%
Estados Unidos	34%	33%	33%	57%
França	18%	21%	29%	74%
Holanda		8%	11%	51%
Índia	40%	22%	23%	14%
Indonésia		84%	52%	9%
Japão	68%	62%	69%	59%
Polônia		24%	30%	17%
Reino Unido	5%	9%	12%	65%
Suécia		56%	69%	76%

Fonte: VERÍSSIMO & NUSSBAUM, 2011.

País	Quadro jurídico florestal
Alemanha	Em geral, as áreas florestais não podem ser convertidas para outros usos da terra, salvo com permissão de autoridades governamentais. A exploração para fins madeireiros exige recomposição e manejo.
China	Em geral, a lei chinesa afirma que as florestas não devem ser supridas para mineração ou projetos de infraestrutura, salvo com aprovação e pagamento de uma taxa de restauração florestal.
Estados Unidos	A conversão de áreas intactas é proibida pela Lei Florestal Nacional. O manejo de florestas em terras privadas é geralmente controlado na esfera estadual.
França	Conversão de áreas com mais de quatro hectares requer permissão do governo, concedida apenas por razões ambientais.
Índia	Quase todas as áreas florestais são de propriedade estatal. A lei exige que a propriedade seja mantida como floresta. Proprietários florestais privados podem ser impedidos de converter as florestas para outros usos.
Indonésia	Quase todas as áreas florestais são estatais. Há uma área significativa de floresta designada para conversão geral. Há uma moratória sobre novos desmatamentos até que um novo plano de uso do solo seja definido.
Japão	O Código Florestal japonês não permite a conversão da floresta — tanto as estatais como as privadas — exceto em circunstâncias excepcionais.
Polônia	Os proprietários de florestas são obrigados a manejá-las de acordo com um projeto. É permitida a exploração, mas as florestas devem ser regeneradas.
Reino Unido	A conversão da floresta para agricultura ou infraestrutura só é permitida em circunstâncias excepcionais.
Suécia	Os proprietários de florestas são obrigados a gerenciá-las ativamente. A conversão é apenas permitida em circunstâncias excepcionais.

Fonte: VERÍSSIMO & NUSSBAUM, 2011.

81

No que se refere às comparações internacionais, é importante assinalar o caso da China. A Tabela 5 (com a cobertura florestal de vários países desde 1900) mostra que, ao início da revolução de 1949, a superfície florestal chinesa havia sido reduzida a algo entre 5% e 9% da área do país. No início da segunda década do século XXI, nada menos que 22% do território chinês estava coberto por florestas. Entre 1999 e 2013, a China reflorestou, na sua região sudoeste, a mais devastada, 280 milhões de hectares, como mostra artigo de Fernando Reinach,[42] baseado em texto da *Nature Sustainability* (TONG *et al.* 2018). Isso corresponde a toda a superfície do estado de São Paulo.

A comparação de Fernando Reinach é fundamental: "basta lembrar que toda a soja no Brasil ocupa 33 milhões de hectares, a cana-de-açúcar, nove milhões, e as florestas de eucalipto, 4,8 milhões de hectares. Em termos de desmatamento, o Brasil perde aproximadamente quinhentos mil hectares de Floresta Amazônica por ano. Ou seja, em quatro anos, a China plantou o equivalente a 56 anos de desmatamento amazônico".

42 Disponível em: <https://sustentabilidade.estadao.com.br/noticias/geral,engenharia-ecologica-chinesa,70002167298>. Acesso em: 16 out. 2019.

Conclusões:

Em direção à economia do conhecimento da natureza

82

As mudanças climáticas são reconhecidas pela quase totalidade dos cientistas que publicam nas mais prestigiosas revistas do mundo como o mais importante desafio que a humanidade já teve pela frente. Combatê-las, ou ao menos atenuá-las, supõe transformações profundas nos modelos contemporâneos de produção e de consumo.

Tais transformações, por sua vez, apoiam-se não apenas em muita ciência e tecnologia, mas na urgência de que sejam modificadas dimensões fundamentais dos próprios comportamentos sociais, como bem mostram os Objetivos do Desenvolvimento Sustentável aprovados pelas Nações Unidas e endossados pelo Brasil.

83

O Brasil tem uma dupla e fundamental contribuição global na luta contra as mudanças climáticas. A primeira consiste em conseguir interromper imediatamente o desmatamento. As evidências aqui expostas mostram que esta interrupção não supõe conquistas tecnológicas complexas ou sacrifícios no bem-estar do país ou da própria Amazônia. Nações como a China ou os Estados Unidos enfrentam desafios científicos e tecnológicos complexos para descarbonizar suas matrizes energéticas, de transportes ou de aquecimento domiciliar.

No nosso caso, a principal fonte de emissões de gases causadores de efeito estufa continua sendo o desmatamento, que para ser interrompido não supõe mudanças disruptivas em padrões de produção e consumo da economia como um todo. Seguir como o único país do mundo (junto com a Indonésia) que se encontra na lista dos grandes emissores por causa do desmatamento não faz jus à posição do Brasil como potência ambiental global. É um sinal de atraso com o qual uma sociedade moderna não pode conviver.

84

A segunda contribuição global do país (e particularmente da Amazônia) para a luta contra as mudanças climáticas está na emergência de uma economia do conhecimento da natureza. Detentor da maior biodiversidade do planeta, o Brasil precisa se preparar para transformar esta gigantesca riqueza em fonte de desenvolvimento. Isso supõe três condições básicas, descritas nos próximos parágrafos.

85

A primeira consiste evidentemente em evitar a destruição da área que concentra a maior biodiversidade do mundo. Este livro procurou mostrar que o desmatamento já realizado até aqui abriu áreas suficientemente grandes para permitir a expansão da agropecuária na Amazônia. A maior parte desta área está subutilizada, e persistir na destruição responde não a necessidades econômicas racionalmente justificáveis, mas sim a estratégias patrimoniais de atores cujas ambições se apoiam na ilegalidade e na violação de direitos constitutivos da vida republicana.

Investir nas Unidades de Conservação é uma estratégia para que o Brasil ofereça aos brasileiros e ao mundo serviços ecossistêmicos fundamentais para a própria vida na Terra. Tolerar a invasão e a redução de suas áreas é renunciar a um papel global que será cada vez mais importante para o país.

86

A segunda condição para fazer da manutenção da floresta em pé base para a luta contra as mudanças climáticas e para o desenvolvimento sustentável consiste em reconhecer o papel estratégico das populações tradicionais e de suas atividades na ocupação destas áreas. Tanto a floresta como as populações tradicionais que nela habitam representam não apenas utilidade econômica ou ecossistêmica, mas uma riqueza cultural que se exprime na diversidade das línguas, dos costumes e da própria cultura material dos povos da floresta.

É imensa a responsabilidade da nação brasileira com a preservação desta fonte única de diversidade, de ensinamentos e de sabedoria. A proteção da floresta e dos povos que a habitam é fundamental pela riqueza e pelos serviços ecossistêmicos que dela derivam. Mas, antes de tudo, é um valor civilizacional e ético que precisamos encarar como trunfo e não como obstáculo ao crescimento do país.

87

A terceira condição para transformar a floresta em base para o desenvolvimento sustentável está na transição do que tem sido até aqui uma economia da destruição da natureza para uma economia do conhecimento da natureza. O já citado trabalho de Carlos Nobre e colaboradores mostra a urgência de que os dispositivos da chamada quarta revolução industrial sejam aplicados ao conhecimento e ao aproveitamento da Amazônia.

Detentor do território que guarda a maior biodiversidade do planeta, é fundamental que o país se dote dos meios para conhecer cientificamente esta imensa riqueza, podendo, assim, conviver com ela de forma sustentável. Isso supõe a presença de centros de pesquisa e o fortalecimento das estruturas universitárias na Amazônia como um todo, como preconizava já há mais de dez anos documento fundamental da Academia Brasileira de Ciências.[43]

---

43 Disponível em: <http://www.abc.org.br/IMG/pdf/doc-20.pdf>. Acesso em: 16 out. 2019.

88

Tolerar o desmatamento, que é sobretudo ilegal e com o qual a própria indústria a jusante do agronegócio não aceita mais conviver (como bem o mostra a moratória da soja), é compactuar com o atraso, a violência e o enfraquecimento das instituições democráticas, cujo funcionamento deveria conduzir a investimentos públicos e privados no fortalecimento das áreas protegidas e das inúmeras atividades que permitem o bem-estar das populações que aí vivem.

Referências

ARAGÃO L. *et al*. 21st century drought-related fires counteract the decline of Amazon deforestation carbon emission. *Nature Communications* 9, Article number: 536, fev. 2018. Disponível em: <https://www.nature.com/articles/s41467-017-02771-y>. Acesso em: 21 jul. 2019.

ARAÚJO, E. & BARRETO, P. *Estratégias e fontes de recursos para proteger as unidades de conservação da Amazônia*. Belém: Imazon, 2015. Disponível em: <https://imazon.org.br/PDFimazon/Portugues/livros/Estrategias_UCs.pdf>. Acesso em: 21 jul. 2019.

ARAÚJO, E. *et al*. *Quais os planos para proteger as unidades de conservação vulneráveis da Amazônia?* Belém: Imazon, 2016. Disponível em: <https://imazon.org.br/PDFimazon/Portugues/livros/Planos_para_proteger_UCs_vulneraveis_Amazonia.pdf>. Acesso em: 21 jul. 2019.

_____. *Unidades de conservação mais desmatadas da Amazônia Legal (2012-2015)*. Belém: Imazon, 2017, p. 92. Disponível em: <https://imazon.org.br/publicacoes/unidades-de-conservacao-mais-%20desmatadas-da-amazonia-legal-2012-2015/>. Acesso em: 21 jul. 2019.

AZEVEDO-RAMOS, C. & MOUTINHO, P. No man's land in the Brazilian Amazon: could undesignated public forests slow Amazon deforestation? *Laud Use Policy*, v. 73, pp. 1 25-27, abr. 2018. Disponível em: <https://www.sciencedirect.com/science/article/abs/pii/S0264837717314527>. Acesso em: 21 jul. 2019.

CAPOBIANCO, J. P. *Governança ambiental na Amazônia brasileira na década de 2000*. São Paulo, Programa de Pós-Graduação em Ciência Ambiental, IEE-USP, 2017. (Tese de Doutorado). Disponível em: <https://bdpi.usp.br/item/002915823>. Acesso em: 21 jul. 2019.

DING, H. *et al.* Climate benefits, tenure costs. The economic case for securing indigenous land ridhts in the Amazon. *World Resources Institute*, 2016. Disponível em: <https://wriorg.s3.amazonaws.com/s3fs-public/Climate_Benefits_Tenure_Costs.pdf>. Acesso em: 21 jul. 2019.

FELTRAN-BARBIERI, R. *et al.* Beyond the Amazon: agricultural expansion and deforestation in Brazil 2000-2016. Artigo submetido, em processo de revisão, s./d.

FERARNSIDE, P. B. Business as usual: a resurgence of deforestation in the brazilian Amazon. *Yale Environment 360*, 18 abr. 2017. Disponível em: <https://e360.yale.edu/features/business-as-usual--a-resurgence-of-deforestation-in-the-brazilian-amazon>. Acesso em: 21 jul. 2019.

FREITAS, L. *et al.* Who owns the Brazilian carbon? *Global Change Biology*, v. 24, n. 5, pp. 2129-42, dez. 2017. Disponível em: <https://doi.org/10.1111/gcb.14011>. Acesso em: 21 jul. 2019.

LAMBIN, E. F. *et al.* The role of supply-chain initiatives in reducing deforestation. *Nature Climate Change*, 8, pp. 1 09-16, jan. 2018. Disponível em: <https://www.nature.com/articles/s41558-017-0061-1>. Acesso em: 21 jul. 2019.

LATHUILLERE, M. *et al.* Water use by terrestrial ecosystems: temporal variability in rainforest and agricultural contributions to evapotranspiration in Mato Grosso, Brazil. *Environmental Research Letters*, 7 jun. 2012. Disponível em: <https://iopscience.iop.org/article/10.1088/1748-9326/7/2/024024/pdf>. Acesso em: 21 jul. 2019.

LOVEJOY, T. & NOBRE, C. Amazon tipping point. *Science Advances*, v. 4, n. 2, fev. 2018. Disponível em: <https://advances.sciencemag.org/content/4/2/eaat2340/tab-pdf>. Acesso em: 21 jul. 2019.

MACEDO, M. Decoupling of deforestation and soy production in the southern Amazon during the late 2000. *PNAS*, v. 109, n. 4, pp. 1 341-46, jan. 2012. Disponível em: <https://doi.org/10.1073/pnas.1111374109>. Acesso em: 21 jul. 2019.

MAISONNAVE, F. A gold mine swallowed their village. This Amazon tribe is here to take it back. *The Guardian*, 28 fev. 2018. Disponível em: <https://www.theguardian.com/environment/2018/feb/14/a--gold-mine-swallowed-their-village-this-amazon-tribe-is-here-to--take-it-back>. Acesso em: 21 jul. 2019.

MEDEIROS, R. *et al.* Contribuição das unidades de conservação brasileiras para a economia nacional: sumário executivo. Brasília: UNEP/WCMC, 2011. Disponível em: <http://www.icmbio.gov.br/portal/images/stories/comunicacao/estudocontribuicao.pdf>. Acesso em: 21 jul. 2019.

MORELLO, T. Desmatamento e desenvolvimento. *Matas Nativas*, 19 jan. 2011. Disponível em: <https://matasnativas.wordpress.com/tag/thiago-fonseca-morello>. Acesso em: 21 jul. 2019.

NEPSTAD, D. *et al.* Large-scale impoverishment of Amazonian forests by logging and fire. *Nature*, 398, pp. 505-508, 8 abr. 1999. Disponível em: <https://www.nature.com/articles/19066>. Acesso em: 21 jul. 2019.

NOBRE, C. *et al.* Land-use and climate change risks in the Amazon and the need of a novel sustainable development paradigm. *PNAS*, v. 113, n. 39, pp. 10 759-68, 27 set. 2016. Disponível em: <https://doi.org/10.1073/pnas.1605516113>. Acesso em: 21 jul. 2019.

PHALAN, B. *et al.* Reconciling food production and biodiversity conservation: land sharing and land sparing compared. *Science*, v. 333, n. 6 047, pp. 1 289-91, 2 set. 2011. Disponível em: <https://science.sciencemag.org/content/333/6047/1289/tab-article-info>. Acesso em: 21 jul. 2019.

REINACH, F. Engenharia ecológica chinesa. *O Estado de S. Paulo*, 27 jan. 2018. Disponível em: <https://sustentabilidade.estadao.com.br/noticias/geral,engenharia-ecologica-chinesa,70002167298>. Acesso em: 21 jul. 2019.

RICHARDS, P. *The tropical rain forest*. Cambridge: Cambridge University Press, 1952.

RODRIGUES, S. Área de cultivo de soja na Amazônia quadruplicou desde 2006. *O Eco*, 10 jan. 2018. Disponível em: <https://www.oeco.org.br/noticias/area-de-cultivo-de-soja-na-amazonia-quadruplicou-desde-2006/>. Acesso em: 21 jul. 2019.

SCHMITT, J. *Crime sem castigo*: a efetividade da fiscalização ambiental para o controle do desmatamento ilegal na Amazônia. Brasília, Centro de Desenvolvimento Sustentável, Universidade de Brasília, 2015. (Tese de Doutorado). Disponível em: <http://repositorio.unb.br/bitstream/10482/19914/1/2015_JairSchmitt.pdf>. Acesso em: 21 jul. 2019.

SPERA, S. *et al.* Land-use change affects water recycling in Brazil's last agricultural frontier. *Global Change Biology*, v. 22, n. 10, pp. 3 405-13, out. 2016. Disponível em: <https://doi.org/10.1111/gcb.13298>. Acesso em: 21 jul. 2019.

STRASSBURG, B. *et al.* Moment of truth for the Cerrado hotspot. *Nature Ecology & Evolution*, 1, 23 mar. 2017. Disponível em: <https://www.nature.com/articles/s41559-017-0099>. Acesso em: 21 jul. 2019.

TONG, X. *et al.* Increased vegetation growth and carbon stock in China karst via ecological engineering. *Nature Sustainability*, London, v. 1, pp. 44-50, jan. 2018. Disponível em: <http://sites.bu.edu/cliveg/files/2018/01/Tong-China-Afforestation-Nat-Sustain-2018.pdf>. Acesso em: 21 jul. 2019.

TORRES, M. *et al.* "*Dono é quem desmata*": conexões entre grilagem e desmatamento no sudoeste paraense. São Paulo/Altamira: Uruturanco/Instituto Agronômico da Amazônia, 2017. Disponível em: <https://www.socioambiental.org/sites/blog.socioambiental.org/files/nsa/arquivos/dono_e_quem_desmata_conexoes_entre_gril1.pdf>. Acesso em: 21 jul. 2019.

VAUGHAN, S. The state and fate of tropical rainforests. *IISD*, jun. 2015. Disponível em: <https://www.iisd.org/sites/default/files/publications/state-fate-tropical-rainforests-commentary.pdf>. Acesso em: 21 jul. 2019.

VERÍSSIMO, A. & NUSSBAUM, R. (coord.). Um resumo do status das florestas em países selecionados — nota técnica. Belém/País de Gales:

Imazon/The Proforest Initiative, 2011. Disponível em: <https://imazon.org.br/PDFimazon/Portugues/livretos/ImazonProforestFinal.pdf>. Acesso em: 21 jul. 2019.

VERÍSSIMO, A. *et al.* Áreas protegidas na Amazônia brasileira: avanços e desafios. Belém/São Paulo: Imazon/ISA, 2011. Disponível em: <https://imazon.org.br/publicacoes/2673-2/>. Acesso em: 21 jul. 2019.

VERÍSSIMO, B. Está na hora do desmatamento zero. *Época*, 11 jan. 2018. Disponível em: <https://epoca.globo.com/ciencia-e-meio-ambiente/noticia/2018/01/esta-na-hora-do-desmatamento-zero.html>. Acesso em: 21 jul. 2019.

VILLAS-BÔAS, A. *et al.* (orgs.). *Xingu:* histórias dos produtos da floresta. São Paulo: Instituto Socioambiental, 2017.

WEBER, N. La France possède aujourd'hui deux fois plus de forêts qu'il y a cent ans, mais est-ce vraiment une si bonne nouvelle que cela ? *Démotivateur.* Disponível em: <https://www.demotivateur.fr/article/la-france-possede-aujourd-hui-deux-fois-plus-de-forets-qu-il-y-a-cent-ans-mais-est-ce-vraiment-une-si-bonne-nouvelle-que-cela-10322>. Acesso em: 21 jul. 2019.

Divulgação

Ricardo Abramovay é professor sênior do Instituto de Energia e Ambiente da Universidade de São Paulo (USP). Fez sua carreira acadêmica na Faculdade de Economia, Administração e Contabilidade da USP, da qual tornou-se professor titular em 2001. É autor ou coautor de treze livros, entre os quais *Paradigmas do capitalismo agrário em questão* (Edusp, 2007) e *Muito além da economia verde* (Planeta Sustentável, 2012), traduzido ao espanhol e ao inglês. Formado em filosofia pela Universidade de Paris Nanterre, é mestre em ciência política pela USP e doutor em ciências sociais pela Universidade Estadual de Campinas (Unicamp). Sua pesquisa mais recente concentra-se na interface entre desenvolvimento sustentável e revolução digital. É membro do conselho de diversas organizações da sociedade civil, como o Instituto Socioambiental, o Imazon e o Imaflora. Também integra o conselho do Museu do Amanhã.

[cc] Editora Elefante, 2019
[cc] Outras Palavras, 2019
[cc] Terceira Via, 2019
[cc] Ricardo Abramovay, 2019

Você tem a liberdade de compartilhar, copiar,
distribuir e transmitir esta obra, desde que
cite a autoria e não faça uso comercial.

Primeira edição, novembro de 2019
Primeira reimpressão, abril de 2023
São Paulo, Brasil

Dados Internacionais de Catalogação na Publicação (CIP)
Angélica Ilacqua CRB-8/7057

Abramovay, Ricardo
    Amazônia : por uma economia do conhecimento da
natureza / Ricardo Abramovay. — São Paulo : Elefante, 2019.
   108 p.

ISBN 978-85-93115-54-7

1. Desmatamento — Amazônia 2. Crise ambiental I. Título

19-2225   CDD 333.751309811

Índices para catálogo sistemático:
1. Desmatamento — Amazônia — Crise ambiental

---

elefante

editoraelefante.com.br
contato@editoraelefante.com.br
fb.com/editoraelefante
@editoraelefante

Aline Tieme [vendas]
Katlen Rodrigues [mídia]
Leandro Melito [redes]
Samanta Marinho [financeiro]

fonte GT Walsheim & CapitoliumNews
papel Cartão 250 g/m² Lux Cream 70 g/m²
impressão BMF Gráfica